木活字印刷技术

木活字印刷技术

总主编 杨建新

浙江摄影出版社

吴小淮 著

浙江省非物质文化遗产代表作丛书

总 序

浙江省人民政府省长　夏宝龙

　　非物质文化遗产是人类历史文明的宝贵记忆，是民族精神文化的显著标识，也是人民群众非凡创造力的重要结晶。保护和传承好非物质文化遗产，对于建设中华民族共同的精神家园、继承和弘扬中华民族优秀传统文化、实现人类文明延续具有重要意义。

　　浙江作为华夏文明的发祥地之一，人杰地灵，人文荟萃，创造了悠久璀璨的历史文化，既有珍贵的物质文化遗产，也有同样值得珍视的非物质文化遗产。她们博大精深，丰富多彩，形式多样，蔚为壮观，千百年来薪火相传，生生不息。这些非物质文化遗产是浙江源远流长的优秀历史文化的积淀，是浙江人民引以自豪的宝贵文化财富，彰显了浙江地域文化、精神内涵和道德传统，在中华优秀历史文明中熠熠生辉。

　　人民创造非物质文化遗产，非物质文化遗产属于人民。为传承我们的文化血脉，维护共有的精神家园，造福子孙后代，我们有责任进一步保护好、传承好、弘扬好非物质文化遗产。这不仅是一种文化自觉，是对人民文化创造者的尊重，更是我们必须担当和完成好的历史使命。对我省列入国家级非物质文化遗产保护名录的项目一项一册，编纂"浙江省非物质文化遗产代表作丛书"，就是履行保护传承使命的具体实践，功在当代，惠及后世，有利于群众了解过去，以史为鉴，对优秀传统文化更加自珍、自爱、自觉；有利于我们面向未来，砥砺勇气，以自强不息的精神，加快富民强省的步伐。

党的十七届六中全会指出，要建设优秀传统文化传承体系，维护民族文化基本元素，抓好非物质文化遗产保护传承，共同弘扬中华优秀传统文化，建设中华民族共有的精神家园。这为非物质文化遗产保护工作指明了方向。我们要按照"保护为主、抢救第一、合理利用、传承发展"的方针，继续推动浙江非物质文化遗产保护事业，与社会各方共同努力，传承好、弘扬好我省非物质文化遗产，为增强浙江文化软实力、推动浙江文化大发展大繁荣作出贡献！

前　言

浙江省文化厅厅长　杨建新

　　"浙江省非物质文化遗产代表作丛书"的第二辑共计八十五册即将带着墨香陆续呈现在读者的面前，这些被列入第二批国家级非物质文化遗产保护名录的项目，以更加丰富厚重而又缤纷多彩的面目，再一次把先人们创造而需要由我们来加以传承的非物质文化遗产集中展示出来。作为"非遗"保护工作者和丛书的编写者，我们在惊叹于老祖宗留下的文化遗产之精美博大的同时，不由得感受到我们肩头所担负的使命和责任。相信所有的读者看了之后，也都会生出同我们一样的情感。

　　非物质文化遗产不同于皇家经典、宫廷器物，也有别于古迹遗存、历史文献。它以非物质的状态存在，源自于人民的生活和创造，在漫长的历史进程中传承流变，根植于市井田间，融入百姓起居，是它的显著特点。因而非物质文化遗产是生活的文化，百姓的文化，世俗的文化。正是这种与人民群众血肉相连的文化，成为中华传统文化的根脉和源泉，成为炎黄子孙的心灵归宿和精神家园。

新世纪以来，在国家文化部的统一部署下，在浙江省委、省政府的支持、重视下，浙江的文化工作者们已经为抢救和保护非物质文化遗产做出了巨大的努力，并且取得了丰硕的成果和令人瞩目的业绩。其中，在国务院先后公布的三批国家级非物质文化遗产名录中，浙江省的"国遗"项目数均名列各省区第一，蝉联三连冠。这是浙江的荣耀，但也是浙江的压力。以更加出色的工作，努力把优秀的非物质文化遗产保护好、传承好、利用好，是我们和所有当代人的历史重任。

编纂出版"浙江省非物质文化遗产代表作丛书"，是浙江省文化厅会同财政厅共同实施的一项文化工程，也是我省加强国家级非物质文化遗产项目保护工作的具体举措之一。旨在通过抢救性的记录整理和出版传播，扩大影响，营造氛围，普及"非遗"知识，增强文化自信，激发全社会的关注和保护意识。这项工程计划将所有列入国家级非物质文化遗产保护名录的项目逐一编纂成书，形成系列，每一册书介绍一个项目，从自然环境、起源发端、历史沿革、艺术表现、传承谱系、文化特征、保护方式等予以全景全息式的纪录和反映，力求科学准确，图文并茂。丛书以国家公布的"非遗"保护名录为依据，每一批项目编成一辑，陆续出版。本辑丛书出版之后，第三辑丛书五十八册也将于"十二五"期间成书。这不仅是一项填补浙江民间文化历史空白的创举，也是一项传承文脉、造福子孙的善举，更是一项需要无数人持久地付出劳动的壮举。

在丛书的编写过程中，无数的"非遗"保护工作者和专家学者们为之付出了巨大的心力，对此，我们感同身受。在本辑丛书行将出版之际，谨向他们致上深深的鞠躬。我们相信，这将是一件功德无量的大好事。可以预期，这套丛书的出版，将是一次前所未有的对浙江非物质文化遗产资源全面而盛大的疏理和展示，它不但可以为浙江文化宝库增添独特的财富，也将为各地区域发展树立一个醒目的文化标志。

时至今日，人们越来越清醒地认识到，由于"非遗"资源的无比丰富，也因为在城市化、工业化的演进中，众多"非遗"项目仍然面临岌岌可危的境地，抢救和保护的重任丝毫容不得我们有半点的懈怠，责任将驱使着我们一路前行。随着时间的推移，我们工作的意义将更加深远，我们工作的价值将不断彰显。

2012年5月

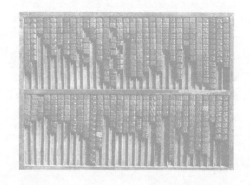

目录

印刷术与造纸、指南针、火药并称为中国古代的"四大发明"，对推动人类文明和世界科学技术的进步，发挥了巨大的作用。木活字印刷是北宋时期毕昇发明活字印刷术之后，中国古代活字印刷长期使用的主要形式之一，最早见于元朝大德年间王祯所撰写的《农书》中"造活字印书法"章节。清乾隆皇帝下令用木活字印刷《武英殿聚珍版丛书》，成就了木活字印刷技术为皇家大规模御用的历史辉煌。随着19世纪以来印刷技术的机械化应用，包括木活字在内的传统手工印刷技术逐步淡出历史舞台，至今已是难觅踪迹。

21世纪初，浙江省瑞安市发现木活字印刷技术仍旧在民间继承使用，以东源村为集中地，全市还有近百人从事木活字印刷这一古老的传统职业。通过对其传承群体的调查和传承历史的考证，确信为古代木活字印刷技术的现世遗存，引起了世人的广泛关注，被称为中国活字印刷技术的"活化石"，并于2008年列入"第二批国家级非物质文化遗产保护名录"。

瑞安木活字印刷技术与毕昇发明活字印刷术、王祯关于木活字印刷技术工艺的记载有着较直接的承继关系。其主要传承群体——东源村王氏家族，其祖先王法懋，生活在元代泰定年间，与王祯使用木活字印刷《旌德县志》、撰写《农书》大体处在相同时期。王法懋以修辑宗谱为业，受到这项新技术的影响，采用木活字来印刷宗谱。从此，这项技术就在家族中传承下来。到了近代，通过联姻和带徒的方式，逐步传授给异姓家族，并传播到邻近地区，从而形成了浙江瑞安现有的成规模的传承群体。

瑞安木活字印刷技术严格遵循古法，工艺十分考究，概如《农书·造活字印书法》所述："造板墨作印盏，削竹片为行，雕板木为字。"木活字取用上好的棠梨木刻制，捡字排版沿用祖先口授心传下来的方言捡字诗，仍在使用曾流行于江浙一带古老的"君王立殿堂"五言32句160字捡字诗，和瑞安东源王氏家族祖先创作的"鳳列盤岡體貌鮮"七言8句56字捡字律诗，其特点是把复杂的汉字偏旁部首排列简约化，只要记住诗句，捡字就比较迅速。在印刷工艺流程上，仍采用中国古籍线装书的版式，手工用墨汁在宣纸上逐页刷印，最后上线装订，原汁原味地保留了中国活字印刷的传统工艺和线装书籍的特点。

瑞安木活字印刷技术能传承至今，也是有赖于中国传统的谱牒文化这一载体，用来印刷宗谱。木活字印宗谱肇始于元代，盛行于明清乃至民国时期，当今全国各地已很少有人使用，之所以能在浙江瑞安集中地传承，又与这里的地域文化和民间寻根问祖的宗族情结紧密相关。温州及周边的浙东南、闽北区域是典型的移民社会，古时称为"蛮荒之地"，人烟稀少，唐宋以后，由中原辗转迁徙过来定居的人口激增。所以，这一带的人大多聚族而居，即便是现代，无论在乡族众，还是在外华侨或在全国各地经商、办企业的温州人，即或恋土怀乡还是寻根问祖，传统的宗族观念都十分强烈。有需求就有市场，有市场就有经营的行当，浙江瑞安的木活字印刷技术和谱牒梓辑手艺，就得以集中地传承延续了七百多年，绽放出中华传统文化的奇光异彩。

瑞安木活字印刷技术流传至今，全赖这群生活在农村的普通人，他们在万家灯火之隅，偏居寒祠陋舍，为了全家生计，默默地耕耘着二尺字盘，执著厮守着祖宗留下的这份手艺，才撑起了这份宝贵的人类非物质文化遗产。它让人们认识到，瑞安木活字印刷技术是中国古老印刷术的珍贵活体存在，2008年北京奥运会开幕式的木活字表演更是让它名闻世界。各级党委和政府十分重视对它的保护，文化部将其作为"中国活字印刷术"现存的唯一载体,向联合国教科文组织申报,并于2010年成功入选联合国教科文组织"急需保护的非物质文化遗产名录",成为一项非常宝贵的人类共同的文化遗产。

为了全面钩沉瑞安木活字印刷技术的传承历史,记载保留其技术工艺特点,作者历经近十年时间,广泛参阅相关史料,走访了数十位木活字印刷从业人员和东源王氏家族成员,竭力收集清代以来的木活字宗谱实物,厘清王氏家族木活字印刷技术的传承体系和传承人物,并将两首古老的捡字诗诗句和部首归类进行整理,使之更接近于历史原貌,同时梳理完善全套技术工艺的细节,以期作为瑞安木活字印刷技术的第一手详细资料留存于世。

随着人类文明的进步和现代科学技术的突飞猛进,传统的印刷技术大多已淡出历史舞台,可在当今,浙江省瑞安市还集中传承并使用着古老的木活字印刷技术,这无疑成为人类非物质文化遗产的一大发现,对研究中国古代文明,继承中国传统文化,激励民族精神,具有非常重要的现实存在价值。

中国古代印刷技术的发展

在中国历史文化长河中，印刷术始终伴随着文明进程留下了进步的轨迹，与指南针、造纸、火药并称为中国古代的「四大发明」，对推动人类科学技术发展发挥了巨大的作用。

中国古代印刷技术的发展

[壹]中国印刷技术的早期文明

在中国历史文化长河中,印刷术始终伴随着文明进程留下了进步的轨迹,与指南针、造纸、火药并称为中国古代的"四大发明",对推动人类科学技术发展发挥了巨大的作用。

在印刷术和造纸术发明之前,文字主要靠刻画、刻凿、冶铸等方式流传。大约在三千多年前的商代晚期,已经发展得比较成熟的汉文字,被成段成篇地刻在兽骨或龟甲上,用来作占卜的记录,形成了现今称为"甲骨文"的最古老的文字体系。在青铜器上刻字铸字也出现在商代晚期,当时主要用于礼器,作为权势的象征。后来,我们的祖先发现,用毛笔蘸上墨在竹片和木片上书写文字,要比刻字和铸字方便得多。把写满文字的竹片或木片按前后顺序,用绳子编串起来形成"册",称为"竹简"或"木简",迎合了春秋战国时期学术思想空前发展对于文字传播工具的需要。后来人们又发现了在丝织品上写字的途径,原始书籍开始从笨重的体量向轻量化过渡。公元105年,东汉时期的宦官蔡伦,在总结前人造纸经验的基础上,利用植物纤维造纸,获得成功。造纸术的发明推广,使采用纸张书写的书籍广

将石刻上的文字拓印在纸上是印刷术原始的雏形,图示为明拓本《皇甫君碑》(吴小淮北望亭藏)

泛流行。

在解决了书籍的重量轻和携带方便等问题之后,书籍的批量复制传播又在古人的长期实践中得以进步。早在四五千年前,新石器时代的人们就用陶印模在陶器上压出各种图纹,可以说是最原始的印刷。到了战国时期,印章开始应用,甚至出现了刻有百多字的印符,把印章蘸上颜色,钤印在纸上,就成了雕版印刷的雏形。秦汉两代盛行刻石,人们为了复制方便,就在石碑上涂上墨,把纸覆盖在石刻上,用刷子刷印或捶敲的办法,拓出正面的黑底白字,揭下来就成了"拓本"。钤印和刷印的原始方法,为印刷术的发明提供了先期的技术条件。

印刷术的出现是以雕版印刷为标志的,从其雏形至工艺成熟有一个渐进的阶段。据瑞安黄绍箕光绪三十一年(1905年)作跋的日本学者岛田翰《汉籍善本考》一书考证，雕版印刷应在六朝以前已经出现，当时由于雕版耗工费大，书籍需求量不大，所以并未盛行。唐代是中国封建社会的鼎盛时期，伴随着社会、经济、文化的发展和繁荣，人们对书籍的需求量也就大大增加，雕版印刷工艺在唐初已经开始大体成熟，并广泛运用。根据明代史学家邵经邦《弘简录》记载，唐太宗的长孙皇后曾作《女则》一书。贞观十年（636年）长孙皇后去世后，唐太宗下令用雕版将其印刷行于世。

又，唐人冯贽《云仙散录》云："玄奘以回锋纸印普贤像，施于四方，每岁五驮无余。"这就说明，玄奘于贞观十九年（645年）取经回国，广印普贤像，每年五驮牲口的载量都分发无余，可见雕版印刷

唐代敦煌千佛洞雕版印刷《金刚经》书影

在唐初贞观年间已经十分盛行。

雕版印刷是在平整的木板上反贴上已经写好字的薄纸，根据每个字的笔画，用刀一笔笔雕刻成阳文，使需要印在纸上的部分凸出，然后在板上均匀地刷上墨，将纸覆盖在印版之上，再用干的刷子均匀地在纸背上反复刷拭，使凸出部分吃墨均匀，揭下纸张就成了一页页书籍的散页，最后装订成书。

雕版印刷无疑是印刷术发展史上的里程碑，它解决了书籍批量复制的问题，而且雕版便于储藏和反复使用，成为中国自唐以降书籍印刷的主要方法，一直延续至今。但雕版印刷每页需制作一副专用的固定版块，每书需成百上千版，随着书籍品种的不断增多，有些书印数不大且不再版，其规模浩大的人力物力投放，印版的存放问题，开始困扰着印书家们，从而渐渐催生了一种方便、灵活的印刷工艺改良思想——活字印刷。

[贰]宋代活字印刷术的发明与影响

世界上第一个发明活字印刷术的是中国北宋时期的平民毕昇。史书上不见毕昇的生卒与经历记载，据说是今浙江杭州人，与他同时代的沈括在著名的《梦溪笔谈》卷十八中记载了他的发明：

版印书籍，唐人尚未盛为之。自冯瀛王始印五经，已后典籍，皆为版本。

　　庆历中，有布衣毕昇，又为活版。其法用胶泥刻字，薄如钱唇，每字为一印，火烧令坚。先设一铁板，其上以松脂、蜡和纸灰之类冒之。欲印，则以一铁范置铁板上，乃密布字印，满铁范为一板，持就火炀之。药稍熔，则以一平板按其面，则字平如砥。若止印三二本，未为简易；若印数十百千本，则极为神速。常作二铁板，一板印刷，一板已自布字。此印者才毕，则第二板已具。更互用之，瞬息可就。每一字皆有数印，如"之"、"也"等字，每字有二十余印，以备一板内有重复者。不用，则以纸贴之，每韵为一贴，木格贮之。有奇字素无备者，旋刻之，以草火烧，瞬息可成。不以木为之者，木理有疏密，沾水则高下不平，兼与药相粘，不可取。不若燔土，用讫再火令药熔，以手拂之，其印自落，殊不沾污。

　　昇死，其印为余群从所得，至今保藏。

元刊《梦溪笔谈》卷十八书影

沈括的这一记载使我们知道，毕昇是普通的布衣百姓，他在宋仁宗庆历年间（1041—1048年）发明了活字印刷术。毕昇的活字采用胶泥为材料，将其制作成一个个四方形的长柱体，在上面刻上反写的单字，再置于火中焙烧以增加硬度，然后按韵排列，存放在格子里备用。排版时，在一块铁板上铺上松脂、蜡和纸灰等物，放上书版大小的铁框，依照书稿把所需的活字排在框内，排满版后，把铁板放在火上烘焙，使松脂和蜡熔化后用板把活字齐头压平，最后上墨、铺上纸张印刷，印好后把活字拆出来，分类归回到按韵存放的字匣子里，这样，活字、印版、版框都可以反复使用，节省了大量的材料和劳动力，极大地方便了不同书籍的排版印刷。对此，沈括给予极高的评价："若止印三二本，未为简易；若印数十百千本，则极为神速。"可惜毕昇当年发明的实物未能流传下来，所印的书目现今也很难稽考了。但其所发明的活字形式及制活字、存字、排版、印刷工艺，已具备了活字印刷完整的流程。虽然泥活字的材质还存在着应用上的缺陷，然而，毕昇活字印刷技术这一伟大的创造，使印刷术进入了一个新时代，对后世印刷技术的发展产生了深远的影响。

1965年，温州白象塔出土了北宋崇宁二年（1103年）《佛说观无量寿佛经》等残页，经许多专家鉴定，为泥活字印刷或钤印的实物。崇宁二年为1103年，距毕昇发明泥活字仅五十多年。如果毕昇为杭州人氏的说法能够成立，泥活字印刷技术在这段时间内传播到温

温州白象塔出土的北宋《佛说观无量寿佛经》书影

州,既有可能,亦有实物证据。另据史料记载,南宋宰相周必大曾模仿毕昇的方法,在公元1193年用泥活字印过自著的《玉堂杂记》一书。元代的杨古也采用泥活字印书,说明毕昇的泥活字印刷方法在宋元两代还是有过一定应用的。及至清代,苏州人李瑶和安徽人翟金生根据毕昇的方法,自造泥活字印刷书籍,成为迄今所见最早的泥活字印刷的古籍实物。

在毕昇活字印刷发明的启发下,数百年来,中国人对于活字印刷材料和工艺的研究与发明持续不断，取得了巨大的成功。宋末元初，有人发明了锡活字，而木活字也在这时期崭露头角，逐步得到发展应用。到了明代，木活字印刷比之元代更为普遍。铜活字印刷技术在明代中期以后，被许多著名的书坊广泛使用。明弘治、正德年间（1488—1521年），铅活字印刷也开始在常州许多书坊的印刷中应用。

　　以毕昇为代表的中国活字印刷术的发明创造，加上后世人们在探索实践中的发展与完善，直接推动了世界印刷技术的进步，是中国印刷术对世界文明作出的重大贡献。宋元两代是活字印刷术的发明与传播时期。到了明代，随着现代经济、技术的萌芽和进步，对外

活字印刷术传播海外（李淅安绘）

交流的扩大，中国的活字印刷术进入了发展时期，并传播到了海外。朝鲜是首先接受中国活字印刷术的国家，在毕昇发明活字印刷术二百年之后的13世纪初期，朝鲜开始采用活字印刷。1376年，采用木活字印刷《通鉴纲目》成功之后，朝鲜的活字印刷得到了很大的进步。由于通商促进了中西文化交流，15世纪40年代，德国人谷登堡将活字印刷术引进欧洲，逐步发展了机械化的生产方式，大大提高了印刷效率，从此带来了全球性的印刷技术工业化革命。

[叁]元代木活字印刷术的应用与传播

　　木活字产生的确切年代和发明者目前无法考证，但1996年在宁夏贺兰山拜兰沟一座古代佛塔遗址中出土了西夏文经书《吉祥遍至□和本续》，经文化部组织专家在北京鉴定，确认是"迄今为止世

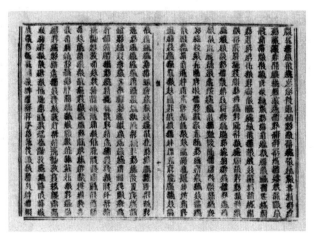

宁夏贺兰山出土的西夏木活字本《吉祥遍至□和本续》书影

界上发现最早的木活字版印本实物"，时间为12世纪中叶的南宋时期。学术界普遍认为木活字印刷的缘起在宋元之际，当时可能受毕昇活字印刷思想的启发，人们从最易获取的木料中得到灵感，逐步形成而付诸应用的民间创意，不一定非是一人一时的创造发明。

　　真正在印刷史上继毕昇之后具有开创性影响的，不得不首推首先记载并使用木活字印刷的王祯。王祯是元朝初年著名农学家，他所著的《农书》是中国古代农学研究的一大成果。在这本书里，王祯专列"造活字印书法"章节，详细介绍了木活字印刷技术的工艺和过程，是木活字印刷最早的记载：

　　今又有巧便之法：造板木作印盔，削竹片为行；雕板木为字，用小细锯镂开，各行一字，用小刀四面修之，以试大小高低一同；然后排字作行，削成竹片夹之。盔字既满，用木榍榍之，使坚牢，字皆不动，然后用墨刷印之。

　　写韵刻字法：先照监韵内可用字数，分为上平、下平、上、去、入五声，各分韵头校勘字样，抄写完备。择能书人取活字样制大小，写出各门字样，糊于板上。命工刊刻，稍留界路，以凭锯截。又有语助辞"之"、"乎"、"者"、"也"字，及数目字，并寻常可用字样，各分为一门，多刻字数，约有三万余字。写毕，一如前法。今载立号监韵活字板式于后。其余五声韵字，俱要仿此。

锼字修字法：将刻讫板木上字样，用细齿小锯，每字四方锼下，盛于筐管器内。每字令人用小裁刀修理齐整。先立准则，于准则内试大小高低一同，然后另贮别器。

作盔嵌字法：于元写监韵各门字数，嵌于木盔内，用竹片行行夹往。摆满，用木楔轻楔之，排于轮上，依前分作五声，用大字标记。

造轮法：用轻木造为大轮，其轮盘径可七尺，轮轴高可三尺许，用大木砧凿窍，上作横架，中贯轮轴，下有钻臼，立转轮盘，以圆竹笆铺之，上置活字板面，各依号数，上下相次铺摆。凡置轮两面，一轮置监韵板面，一轮置杂字板面。一人中坐，左右俱可推转摘字。盖以人寻字则难，以字就人则易。此转轮之法，不劳力而坐致。字数取讫，又可铺还韵内，两得便也。今图轮像监韵板面于后。

取字法：将元写监韵另写一册，编成字号，每面各行各字，俱计号数，与轮上门类相同。一人执韵依号数喝字，一人于轮上元布轮字板内，取摘字只，嵌于所印书板盔内。如有字、韵内别无，随手令刊匠添补，疾得完备。

作盔安字刷印法：用平直干板一片，量书面大小，四周围作栏。右边空，候摆满盔面，右边安置界栏，以木楔楔之。界行内字样，须要个个修理平整。先用刀削下诸样小竹片，以别器

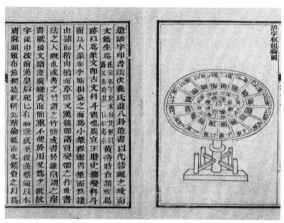

王祯《农书·造活字印书法》书影

盛贮。如有低斜，随字形衬垫稳之。至字体平稳，然后印刷之。又以棕刷顺界行竖直刷之，不可横刷。印纸亦用棕刷顺界行刷之。此用活字板之定法也。

1298年，王祯在安徽旌德县尹任上开始《农书》的写作，他感到这部书字数多，如果抄写，"学者艰于传录，故以藏书为贵"；如果付印雕版，"然而板木工匠，所费甚多，至有一书字板，功力不及，数载难成。虽有可传之书，人皆惮其工费，不能印造传播后世"。由此想到巧便的方法，叫工匠制作木活字，两年时间完成了木活字的雕刻，试印了《旌德县志》，约计六万余字，不到一个月就印成了百部，证明效率很高，印刷效果同当时工艺已经很成熟的雕版印刷一样，因此知道木活字完全可以用于书籍的印刷。后来，王祯迁任江西，所见印书都还用雕版，考虑到"古今此法未有所传，故编录于此，以待世之好事者，为印书省便之法，传于永久"，从而为我们留下了珍贵的木活字印刷技术的详细记载。

王祯的木活字印刷方法，是先用纸写好大小字样，糊于木板上刻字，再一一锯开刻好的字，然后将刻好的单字分门别类，归纳到各自的木匣中备用。排版时按照书籍的开本制作一个方形木盘，把木活字一行行排进去，用竹片作为界行把字隔开夹紧，排满一版框后，用小竹片垫平，用木楔塞紧，使活字固定不动，最后在排好的字版上涂墨铺纸，用棕刷刷印。为了减少劳动强度，提高效率，王祯在排字技术上有所独创，制造两个大转轮盘，按韵字、杂字和字号将字盘摆放其上，捡字工匠坐在中间，转动转盘方便取字。王祯在书中将这种木活字印刷称为"今又有巧便之法"，归纳了写韵刻字法、锼字修字法、作盔嵌字法、造轮法、取字法、作盔安字刷印法等六道工艺工序，是知其专注于木活字印刷技术之应用与传播的一番用心。

王祯用木活字印制《旌德县志》的成功实践和《农书》的记载，是印刷史和活字印刷技术史上的一座里程碑，对后世产生了很大的影响，其详细的技术工艺记载，直接指导了后世活字印刷的实践与发展。而现今仍在使用的瑞安木活字印刷技术，其传承的历史可追溯到元代与王祯基本同时代的祖先，工艺和流程与王祯所采用的基本相同，说明瑞安木活字印刷技术与王祯创制木活字和《农书》的传播有直接的影响和承递关系。

在王祯之后二十多年，元英宗至治二年（1322年），马称德任浙江奉化知州，也"镂活书板至十万字"（乾隆《奉化县志》所载至治三年《知州马称德去思碑记》），用木活字印刷《大学衍义》43卷20

《奉化县志·知州马称德去思碑记》书影[乾隆三十八年（1773年）刻本]

册。到了明代，木活字印刷更为普遍，不仅在安徽、浙江、江苏、福建一带流行，而且流传到云南、四川等边陲甚至少数民族地区。各地书院、私家书局和书坊，还有封于外地的藩王，都常常采用木活字印刷书籍。明代木活字本现今有书名可考者，还有百余种，而明代的政府公报《邸报》，也从崇祯十一年（1638年）起用木活字排印发行。

[肆]清代木活字印刷的回响

1773年，乾隆皇帝下令在紫禁城武英殿设立修书处，想把从

《永乐大典》中辑出来的大批逸书刊行于世。当时任《四库全书》馆副总裁、管理武英殿刻书事务的总管内务府大臣金简，考虑到印行的书类很多，如果用雕版刻印，费财、费时、费力，于是给乾隆皇帝上了一封奏折，算了一笔账，建议改用木活字印刷。乾隆皇帝看后，立即批示"甚好，照此办理"。次年五月，武英殿刻成了253200个枣木活字，先后印书134种，2389卷，这是历史上最大规模采用木活字印刷书籍的行动。而且，乾隆皇帝嫌"木活字版"名称不文雅，亲自定其雅名为"聚珍版"，并御制《题武英殿聚珍版十韵诗》，冠载在每种书的前面，因此，这批木活字印本就叫做"武英殿聚珍版丛书"。

后来，金简把这次木活字印书的经过和方法加以归纳，让人画了许多插图，精写了《武英殿聚珍版程式》，并用木活字印刷了内容和版式基本相同的《武英殿聚珍版程式》一书。《四库全书总目提要》介绍了成书的缘由：

乾隆四十一年，户部侍郎金简恭撰进呈。

初，乾隆三十八年诏纂修《四库全书》，复命择其善本，校正剞劂，以嘉惠艺林。金简实司其事，因枣梨繁重，乃奏请以活字排印，力省功多。得旨俞允，并赐以嘉名，纪以睿藻。行之三载，印本衣被于天下。金简因述其程式，以为此书。

考沈括《梦溪笔谈》，称"庆历中，有布衣毕昇，又为活版。其法用胶泥刻字，薄如钱唇，每字为一印，火烧令坚。先设一铁板，其上以松脂、蜡和纸灰之类冒之。欲印，则以一铁范置铁板上，乃密布字印，满铁范为一板，持就火炀之。药稍熔，则以一平板按其面，则字平如砥。若止印三二本，未为简易；若印数十百千本，则极为神速"云云。活字之法，斯其权舆。然泥字既不精整，又易破碎。松脂诸物亦繁重周章，故王祯《农书》所载活字之法，易以木版。其贮字之盘，则设以转轮，较为径捷，而亦未详备。至陆深《金台纪闻》所云铅字之法，则质柔易损，更为费日损工矣。是编参酌旧制，而变通以新意。首载诸臣奏议，次载取材雕字之次第，以及庋置排类之法。凡为图十有六，为说十有九。皆一一得诸试验，故一一可见诸施行。乃知前明无

《武英殿聚珍版程式·成造木子图》书影

刻字

应刊之字照格写准宋字後逐字裁开覆贴于木子之
上面用木杴一個高一寸長五寸寬四寸中挖槽五條
寬三分深六分每槽可容木子十個上下用活閂塞緊
卽與鎸刻整版無異

《武英殿聚珍版程式·刻字图》书影

墊版

木子雖按式製準然經刷印之後乾濕不匀則木性究
有伸縮故攤書完後視其不平之處將低字抽出用紙
摺條微墊卽能平整

校對

每版墊平之後卽印草樣一張校閱或有移改以及錯
字卽時抽換再刷清樣覆校安卽可刷印其換出之字
仍卽貯于本櫃內

刷印

《武英殿聚珍版程式·垫版、校对、刷印图》书影

锡人以活字印《太平御览》，自隆庆元年至五年仅得十之一二者（案：事见黄正色《太平御览序》），由于不得其法。此亦足见圣朝制器利用，事事皆超前代也。

　　《武英殿聚珍版程式》全书共七千多字，分十六目，从制造木子（木活字）、刻字、排版、校对到印刷等一整套操作技术，都作了详细具体的记载，图文并茂，它比王祯的《农书·造活字印书法》更为全面、系统，而且在刻制木字、制作字架和板框以及操作技术等方面，也有所改进。如王祯是先用整块木板刻好字，再行锯开为单字；而金简的方法是先制成规格大小一致的单个木子，再把每10个木子放在有槽的刻字木模内，用木活闩撑紧，然后刻字。存放活字的字盘，王祯用的是转动的轮盘；而金简使用的是字柜，按子、丑、寅、卯等十二地支排列，每个字柜有抽屉，抽屉中有字格，按部首、偏旁和笔画存放单字。在版面上，金简一改王祯先排字，再用薄竹片隔作行线的方法，而是用梨木板刻好18行格子，中间留有版心，叫做"套版"，先用套版印好行线，再用有行线的空白页印文字。这些改进，使我国活字印刷术又向前迈进了一大步。

　　由于皇帝的重视和提倡，清代的木活字印刷比明代更加盛行，各地衙门、书院和官办书局、私家书局纷纷效仿，木活字印书一时鹊起。如《红楼梦》在乾隆五十六年（1791年）第一次出版（即著名的"程甲本"），就是由高鹗的朋友程伟元以萃文书屋的名义，用木活字印刷的。高鹗在"程甲本"的引言中说，因"抄录固难，刊板亦需时日，姑集活字刷印"。可见木活字印刷有着灵巧、方便，时效性强的优点。第二年再次修订印刷的"程乙本"，还是采用木活字印刷，到了光绪二年（1876年），通行于世的王希廉评一百二十回本《红楼梦》也用木活字印刷。而且在清代，还出现过聚珍堂、排印局、活字印书局等专事活字印刷的书坊。然而，在我国浩瀚的古籍中，根据《中国古籍善本书目》收录的从古到清末56787个编号的图书统计，活字本与非活字本的比例仅为1∶167，木活字本则更少。可见潮起潮落，木活字印刷始终未能成为明清两代的主要印刷工艺，因此，木

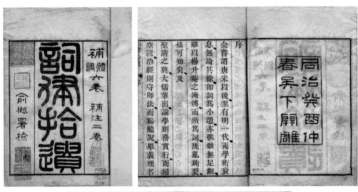

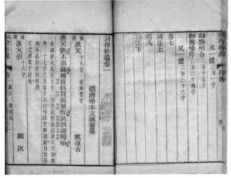

同治六年《词律拾遗》木活字本（吴小淮北望亭藏）

乾隆五十六年萃文书屋木活字印本《红楼梦》书影

活字版本书现存世极少。2007年北京的秋季古籍拍卖中，活字印刷史上常提到的一部书，晚清瑞安著名朴学大师孙诒让的名著《墨子间诂》光绪毛上珍木活字印本，1函8册，虽是清末印本，仍然以3.2万元的价格成交。而上面提到的乾隆五十六年（1791年）木活字本《红楼梦》，于2008年由嘉德公司拍卖，成交价竟达212.8万元的天价，说明木活字本至今已是弥足珍贵了。

民国以后，木活字印刷书籍已很少见到，究其原因，大概是木活字排版难以紧固，刷印时容易松动，印刷数量不多，且新老单字磨损程度不一，字形字体因不同时间、不同刻工所刻，存在明显差异，印刷出来的成品不如雕版印刷的美观，所以在图书印刷中未能广泛使用。

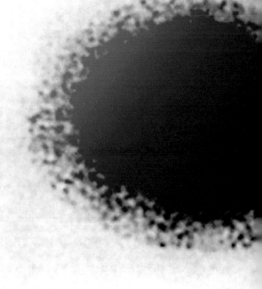

浙江瑞安的木活字印刷技术

回溯历史流变和社会、人口的聚散离合，独特的历史条件和历史文化，永嘉之学强烈的『事功』传统和『敢为天下先』的温州精神，自然造就了谱牒文化在温州民间特别顽强的生命力，从而支撑了木活字印刷技术在瑞安东源为主的谱师群体中的传承。

浙江瑞安的市活字印刷技术

[壹]瑞安的木活字印刷技术概况

　　浙江是中国古代印刷技术的发祥地和印刷业的主要集中地,也是活字印刷的发明地和木活字印刷最初使用并广泛传播的地区。中唐时期,曾任越州(今绍兴)知州的诗人元稹在为白居易《白氏长庆集》作的序中,就有越州刊刻该诗集的记载。两宋时期,浙江杭州的雕版印刷为全国之冠,毕昇活字印刷术也在杭州发明。历史上仅次于王祯的马称德木活字印刷记载在浙江奉化知州任上,同时,绍兴府、庆元府、婺州、衢州都是刻书印书的集中地。明清两代,浙江的印刷业更加兴盛,各种印刷技术都得到发展和广泛应用,其中,木活字印刷更多地用于民间宗谱的印刷。

　　浙江宗谱的印刷大都以木活字为主,据丁红《木活字印刷文化在浙江家谱中的传承与发展》一文的考证归纳,录入浙江省图书馆《浙江家谱总目提要》的12775种家谱中,木活字本有9303种之多,占72%。伴随着宗谱编印的需求,浙江许多地方都有专业的、职业化的,以地域和家族为群体的木活字宗谱编辑和印刷队伍。这批人每当秋收之后,挑着字担工具和简单的生活用品,到各地宗族祠堂里去修谱,数百年来,一代传给一代,延绵不断,及至社会急剧动荡的

青田阜山保存的数百年来各年代的徐氏宗谱

民国时期，这个行当在浙江各地还十分盛行。特别是金华地区，绍兴的嵊县、新昌，宁波的宁海，温州的瑞安、平阳、苍南等地，都有许多人从事木活字印刷宗谱的行当。

1949年以后，由于社会制度的变化，封建的宗族制度被彻底铲除，浙江大部分地区停止了纂修宗谱的活动，木活字印刷技术也在这几十年里逐步失传。唯独在浙南地区，由于过去地处偏僻，交通不便，人们更多地保留着传统观念，宗谱的纂修一直都在暗地里进行。因此，瑞安市以平阳坑镇的东源村为集中地，以王氏家族成员为骨干力量，一直以来继承并使用木活字印刷技术为这些宗族印刷宗谱，当今仍有数十户家庭、百余人从事这项职业，形成了区域性的

瑞安的谱师们默默耕耘着二尺木活字字盘，将古老的中华文明一代代传承下来

谱师群体，是全国迄今为止发现的最为集中、人数最多的传承地。

瑞安东源村王氏家族的祖先居住在福建泉州的安溪，据家族的宗谱记载，其生活在元代初年的第十一代先祖王法懋隐居乡间，以修谱为业，当时正是木活字印刷开始应用的年代，王家以此作为传家技术代代相传。明天启年间，该家族的一支后裔迁徙到浙江平阳。清乾隆元年（1736年），属于这支后裔的王应忠举家搬迁到瑞安的东源村居住，木活字印刷技术也从此在瑞安传承至今。从现存该家族成员为各地宗族梓辑的木活字宗谱实物和有关记载来看，清代到民国时期从业人员众多，梓辑宗谱分布地区很广泛，遍及浙东南和闽北地区。新中国成立以后，东源村王氏家族并没有放弃这项手艺，仍旧执著地用木活字为各地宗族印刷宗谱，甚至在"大跃进"、"文化大革命"时期都没有停歇过。20世纪70年代，瑞安木活字印刷技术迎来了一个新的发展时期。当时东源村一批年仅十几岁的青少年纷纷入行，学习木活字印刷和编辑宗谱的手艺。伴随着改革开放的大潮，这项手艺渐渐地从"地下"走到"地上"，形成了农村"一村一品"的东源村木活字印刷产业经济特色。现在能掌握全套木活字印刷技术，被认定为木活字印刷技术传承人的，基本上都是那时入行的青少年，共有十一人，其中国家级传承人两人，浙江省级传承人一人。

瑞安木活字印刷技术完整地继承和应用王祯《农书》里描述的

基本工艺，与《武英殿聚珍版程式》的记载如出一辙，是古代先人的精湛技术在现代的再现。

瑞安印刷的各种木活字宗谱　　谱牒内页精美考究

瑞安木活字印刷技术是依存于宗谱编印的需要而存在的，因此，这里有三个专用名词需作解释：

一是"修谱"。"修谱"是人们对从事这项工作的性质和行为的称谓，表示编辑、印刷或抄写宗谱的行为过程，人们经常说 "我们宗族要修谱了"，或说"请某某人来修谱"；也表示一种职业，人们会说"某某人是修谱先生"。

二是"梓辑"。古人有用梓木刻字的，故称刻字印刷为"刻梓"或"付梓"。"梓辑"是瑞安木活字印刷宗谱的人们对修谱全部程序的概括性称谓，"梓"表示印刷，"辑"包含了编撰的过程，某某人"梓辑"由此频繁出现在宗谱的扉页和序跋上，类似于书籍的编著者和印刷者的落款，凡使用木活字印刷的宗谱，都用"梓辑"的名称。

三是"谱师"。"谱师"是对以宗谱辑刻、印刷或抄写为职业的人们的称谓，上门修谱时，又往往尊称其为"先生"。

在本书中，凡相关的叙述，均统一采用"修谱"、"梓辑"、"谱师"三个词语来表示。

正是由于宗谱梓辑讲究传统的需要，木活字印刷技术能挺过现代高科技印刷技术的冲击，以其根深蒂固的民族传统和现代社会多元文化的需求，在浙江瑞安顽强地生存下来，保存了中国活字印刷术的伟大文明，成为中国千年活字印刷文明史的"活化石"。

[贰]木活字印刷技术在瑞安的传承历史

1. 瑞安东源王氏祖先与木活字印刷技术的渊源

斗转星移，世事沧桑。木活字这一印刷史上里程碑式的技术，曾在清代红火一时，而后淡出人们的视野，在几乎被人遗忘的百年之后，瑞安市平阳坑镇的东源村，以祖籍福建安溪的王氏家族为主要手艺传承群体惊现在人们面前，继承了七百年前王祯创制木活字的技艺，与乾隆三十九年（1774年）《武英殿聚珍版程式》所载的木活字印刷法如出一辙。

据东源村王氏家族民国戊子（1948年）续修的《太原郡王氏宗谱》（本文引述王氏宗谱的记载，除有特别注明之外，均引自该谱）记载：

1948年东源《王氏宗谱》王俭条记载
（王法炉藏）

（先祖王俭）字仲宝，南朝宋顺帝时左长史，齐武帝时侍中，尚书令，国子监，封南昌公，赠太尉，谥文献，撰百家谱行于世。父遇害，为叔父僧虔所养。

王氏宗谱在这里强调了一句话："撰百家谱行于世。"据《南史》、《南齐书》、《文选》等史料记载，王俭在齐永明中领吏部时，非常重视对谱牒的修撰，要求凡任吏部官，都必须精通谱学。同时，以为刘湛的《百家谱》过于简略，他加以扩充，撰成《百家集谱》10卷，是中国宗族史上一位重要的谱学家，也是谱牒学历史上第一个学术流派"王氏之学"的开创者。东源王氏先人修谱时，特地注明先

1948年东源《王氏宗谱》王审邦条记载（王法炉藏）

祖王俭"撰百家谱行于世"，表明这个家族对谱学的历史传统引以为豪，有意强调。而且从该谱以后各代的文字来看，多次明确记载族人修谱发家的事迹，起码说明从福建安溪到瑞安东源的这一支王氏宗族，有着悠久的修谱传承历史，并作为宗族的荣耀而记载于宗谱。

　　唐末五代，王潮、王审知割据福建，仲兄王审邦率家人从世居的河南固始入闽，任泉州刺史，史书载其多有仁政。《旧五代史》载，王潮死后，王审知以割据闽地的唐朝节度使之职让其兄审邦，"审邦以审知有功，辞不受"。后来闽被南唐所灭，闽王家族悉数迁到金陵（今南京），但王审邦因未在闽王位而得以保全逃脱，举族隐居并老死在闽南泉州。《王氏宗谱》记载其死后"葬泉州东郭皇积山之东北"。后第七代王宣教，于宋徽宗崇宁二年（1103年），率家人

从泉州西南隅船坊巷迁居到临近的安溪长泰里,是为瑞安东源王氏
的内纪始祖。

　　瑞安东源王氏家族的修谱和木活字印刷技术的传承,从此开
始追索了。

　　考民国戊子(1948年)的《太原郡王氏宗谱》和以后历次续修
的谱牒中,在定居安溪后的第十一代先祖王法懋条下有这样一段
记载:

　　　　(法懋)字帝弼,行六十……公于元时隐居,教授善身化

俗,谱之修赖有公焉,宜其食报无穷也,子三。

1948年东源《王氏宗谱》王法懋条记载(王法
炉藏)

元泰定元年王法懋所撰谱序（王超德提供）

这段谱文虽然简短，但它告诉我们，王法懋元代时在家隐居，教授乡里，是一位乡塾先生，他崇尚"善身化俗"的处世之道，宗族的修谱大事，全赖他的召集与操持，并像当时许多深谙谱学的文人一样，以修谱为业，以此获得丰厚的收入。王法懋生活和修谱的年代，《王氏宗谱》中未作明确的交代，但在移居台湾的一支安溪王氏后裔的宗谱中，载录了王法懋当年所撰的谱序，其落款时间为元泰定元年（1324年），可以推断他的生活年代在13世纪后期至14世纪上半叶。

王法懋修谱所处的时代，谱牒文化发展和木活字印刷技术的应用，对其产生重要的影响：

一是元代人对修谱功能和指导思想比之前代有更进一步的认识。由于蒙古人入主中原，汉人统治的大宋江山沦陷，元代汉人深感江山社稷的易主在于民族凝聚力衰退，一改宋代修谱以尊祖敬宗为目的的思想，多把修谱作为医世治俗，力求追远，以收族为主要手段，更注重宗族血脉的延续，加强宗族的团结，造就一个亲情血脉的利益共同体，从而规范了后世的修谱思想。元人徐明善明确指出："今宗法弛，犹赖谱可以收族人也。"（《芳谷集》卷上《太原族谱序》）所以，在元代文化荒芜的环境中，许多深谙谱学的文人投身于修谱的行业。上述谱文对王法懋的描述，作为隐居乡间的文人，以修谱为业，正符合元时民间兴修谱学的情况。

二是王法懋修谱之时距王祯于1298年创制木活字印刷成功和《农书》印行仅二十多年。王祯在《农书·造活字印书法》的结尾有一段不无担忧的话："今知江西，见行命工刊板，故且收贮，以待别用。然古今此法未有所传，故编录于此，以待世之好事者，为印书省便之法，传于永久。"文中提到的"刊板"就是当时的雕版印刷，王祯担心木活字印刷技术失传，故将其技术编录于《农书》中，以备后人应用。从史料来看，王祯以后的木活字印刷技术，在相当长的时期内，并未在中国各地主流书籍刊印中广泛使用，主要是在江南和闽浙一带产生影响。宋元时期，福建和浙江是书籍印刷的集中地区，有"建本"、"浙本"之称，特别是福建当时造纸原料丰富，书坊和书籍传播量很大。而且，印刷史上都提到的马称德，在浙江奉化知州任上，用了木活字来印刷书籍。马称德木活字印刷记载的时间，与王法懋所撰谱序载明的时间大致相当。王法懋既然生活在王祯、

王法懋梓辑族谱（李浙安绘）

马称德的同时代，又生活在书籍印刷集中的福建，他使用木活字来印刷宗谱该是情理之中的事。从此，安溪王家与木活字印刷宗谱也就结下了不解之缘。

从现存以王宣教为内纪始祖的各地、各年代版本的宗谱断续记载中可以看出，元代以后，其后裔多次分支迁徙，散布到闽南、闽北、浙南、江西、台湾等广大地区，明清时期，许多王氏子孙在各地还一直继承着祖传的修谱手艺。如《王氏宗谱》王阳条下记载：

公与仕华公于嘉靖丁酉年，修谱沧浯石岩。

王阳居安溪长泰里，沧浯为今金门岛，王阳与仕华公远到金门岛，显然为他人修谱。又，谨吾条下记载：

公以尚书显于庠，万历乙未修谱。

阳与谨吾为父子，说明了这项技艺的家族传承。又，祚焜条下记载，康熙年间"公修谱二次，世系赖以不朽也"。又，文协条下记载，"乾隆庚子年，公修谱"等等。

明弘治至嘉靖年间，安溪王氏家族的政公独霸山地家产，与弟信公失和，信公另立门户，独建祠堂。至天启六七年间（1626—1627

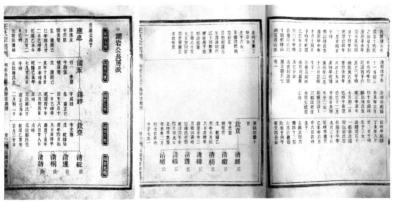

1948年东源《王氏宗谱》王应忠迁徙东源记载（王法炉藏）

年），其长房第四代嫡孙王思勋五兄弟思故地发达无望，于是合族从福建安溪迁徙到浙江平阳北港四十二都翔源。《王氏宗谱》记载："五公，明天启六七年间，同移温州府平阳北港四十二都翔源住，分提在后（指另起房族支系）。"又百年之后，清乾隆元年（1736年），长兄思勋的第四代孙王应忠看中了依山傍水，适宜大家族生存发展的瑞安平阳坑。《王氏宗谱》记载："应忠，讳应文，字伯臣，号亮菴……公于乾隆元年，迁居瑞邑四十四都东源，留长子住翔源祖屋。享寿八十有七，五世同堂。"除留长子在翔源外，王应忠率国永、国顺、国定、国静、国成、位六（讳国严）五个儿子迁居到现在的东源村。

2. 东源王氏家族木活字印刷技术的传承历史

东源村旧称东岙，明清时期属瑞安县安仁乡四十四都，位于今瑞安市平阳坑镇东南部，东岙山西麓，温州第二大水系飞云江下游

依山傍水的东源村

南岸，地处北纬27°41'，东经120°10'，是古时平阳、苍南、文成、泰顺四县前往瑞安和温州市区的水陆码头、交通要道，有小溪穿过村前而汇入飞云江。全村占地面积约0.63平方公里，现有四百多户人家，人口近两千人，王氏家族近七百人。

迁居东源村的王应忠时年48岁，次子国永才21岁，六子位六（讳国严）尚9岁，其移居的困苦可想而知。王应忠在东源村后的一块小山坡上，搭建临时小棚户安置家人，在一隅他乡别土上开荒种地，另立一方家业。艰难困苦之中，王氏家族举族奋强，渐渐地发展成为当地一门望族。特别是幼子王位六，天资聪慧，读书自强，耕读传家，开办王家书院，供家族子弟读书，从而在有清一代，王家先后出过王位六、王观海等32位邑庠生、贡生、廪生、监生等读书人，王凤冈、王增贯父子2位县丞及抗日军人王百发上校，王庭衡、王汝器等19位获得乡饮宾、恩赉、宾介等荣誉褒奖，成为县乡名望士绅。王位六作为读书自立的邑庠生，眼见功名进阶无望，就操起木活字印刷为宗族修谱的祖业，获得丰厚经济收入的同时，向房族和宗族子孙传技授业，传播了木活字印刷技术。所以，东源王氏的木活字印刷技术除在六房的各支派中广泛传承之外，其他各房也都有能干子弟学得手艺，并逐步扩散到外姓、外村人。此后，修谱和木活字印刷手艺使王家许多人发家致富，读书、入仕，荣耀乡里，成为瑞安乡间间的一宗大族。

1948年东源《王氏宗谱》王宝忠修谱自记（王法炉藏）

在东源《王氏宗谱》邑庠生王宝忠条记载的结尾处，有这样一段自记：

> 先君家贫好学，课子不以势，不以利，惟以诗书训。尝谓儿曹辈言："汝能读书荣名，吾愿足矣！"惜天下寿仅至五十四终。尤赖长兄、三兄，克遂乃父志，以谱学营利，助二兄与余成立，合爨四十余年，至光绪二十六年，正屋遇禄，长兄与余又合爨数载，卜筑小厦而各居。谱竣，略志数语，表吾父兄前后苦心，以示后昆不忘云！

文中王宝忠叙述道，其父清璜尽管家境贫寒，但不去教育子女趋势附利，而是教导他们认真读书荣名，可惜父亲五十多岁就去世了，长兄鹤嵘、季兄宝谦和自己兄弟三人，继承父亲传下来的修谱手艺，从道光至光绪朝，三兄弟"合爨"（炉灶为爨，合爨意指兄弟不分家，共同生活奋斗）数十年，靠修谱"营利"致富。光绪二十六年（1900年），正屋"遇禄"（古人为避"火灾"之不祥而假借之辞）烧毁，兄弟又合爨数年，为全家重建宅院，置办田产，读书荣名的勤奋致富历程。这是个感人的故事，经过努力，这个家族多有建树，父亲王清璜是乡饮宾，长兄王鹤嶙、二兄王松嶙都是儒士，读书识礼，季兄王宝谦获得宾介乡间荣誉，王宝忠自己是邑庠生。现在还存世的光绪十一年（1885年）鹤嶙、宝忠兄弟梓辑的《高阳郡许氏宗谱》，鹤嶙还为之作谱序，宝忠撰写修谱赞言，正是兄弟合力修谱齐家的实物证据。

上述王清璜这一支家族木活字印宗谱的手艺一直传承到现在，如光绪十一年（1885年）王宝忠与长兄鹤嶙（讳树范）梓辑《高阳郡许氏宗谱》，光绪廿七年（1901年）王宝忠又五修《高阳郡许氏宗谱》，其子王苣（号乙山）于民国二十二年（1933年）梓辑的《颍川郡陈氏宗谱》，鹤嶙之子王鲁（号乙垣）于光绪十九年（1893年）梓辑的《柏叶林氏宗谱》，民国十年（1921年）的《高阳郡许氏宗谱》至今仍存世。其家族手艺传承脉络清晰，王清璜之下，长子鹤嶙传艺子鲁，鲁传艺子增坦、增钿，增坦传艺子铨钵、铨木，铨钵传艺子法铢、法镜，铨木传艺子震。四子王宝忠传艺子苣，苣传艺子增衢，增衢传艺子铨耕、超德，铨耕传艺子法楷。王铨耕、王超德、王法楷都生活在现代，他们一直以传承祖上的这门手艺为生。

　　同样，清璜胞兄王汝霖的这一支家族也传承了木活字印宗谱手艺，以现存他们所署名梓辑的木活字宗谱实物为例，可以清晰地看出这支家族的传承脉络：

　　同治七年（1867年），汝霖同男名彝（骏良）梓辑平阳岱山《王氏宗谱》；

同治七年（1867年）汝霖同男名彝（骏良）梓辑
的平阳岱山《王氏宗谱》谱序（王法浪藏）

　　光绪二十四年（1898年），瑞邑东岙王茹古斋笏卿王高绅（景祥）梓辑《天水郡姜氏宗谱》（景祥为骏良之子）；

光绪二十四年（1898年），王茹古斋笏卿王高绅（景
祥）梓辑的《天水郡姜氏宗谱》（王法浪藏）

光绪二十五年（1899年），瑞邑东岙王茹古斋王高绅（景祥）梓辑《太原郡温氏宗谱》；

民国元年（1912年），瑞安东岙国学生王景祥同男松轩梓辑《黄氏宗谱》；

民国十七年（1928年），瑞邑四十四都东岙王茹古斋王松轩、王朴如梓辑《曾氏宗谱》；

民国十七年（1928年），王茹古斋王松轩、王朴如梓辑的《曾氏宗谱》（王海秋藏）

民国三十七年（1948年），瑞安东岙王松轩同男叔木（铨椒）梓辑《黄氏宗谱》；

1976年，瑞邑茹古斋无为氏王肃穆（铨椒）同子潭、海秋镶版《郑氏宗谱》；

2006年，王海秋率子崇仁、崇德梓辑《荥阳郡潘氏宗谱》。

其中王松轩两兄弟都从事修谱，其胞弟仲华把手艺

民国三十七年（1948年），王松轩同男叔木（铨椒）梓辑的《黄氏宗谱》（王法浪藏）

传给儿子铨多, 铨多传艺于子法浪、法柱。单从这有明确记载和历史实物为证的传承来看, 从王汝霖、王清璜兄弟到现在法字辈族人, 其直系血缘就有的七代人连绵不断地传承木活字印刷, "茹古斋" 谱局堂号也沿用了一百多年。

现存世所见到东源王氏家族梓辑的木活字宗谱, 还有诸如:

道光五年(1825年), 曹村《翁氏宗谱》;

光绪三十二年(1906年), 瑞邑东岙宗侄庠生琴堂焜梓辑平阳岱山《王氏宗谱》;

道光五年(1825年)东源梓辑的马屿曹村《翁氏宗谱》

光绪三十二年(1906年), 瑞邑东岙宗姪庠生琴堂焜梓辑的平阳岱山《王氏宗谱》(王法浪藏)

1949年, 瑞邑四十四都平阳坑东岙王为政堂淑玉梓辑《严氏宗谱》;

1958年, 瑞邑平阳坑东岙王叔玉同孙铨八梓辑《魏氏宗谱》;

1968年, 瑞安平阳坑东岙王绍槐堂王志宦(增仕)梓辑《颜氏宗谱》等等。

以上这些木活字宗谱的梓辑者虽出自不同的房份分支，但都是东源王应忠的后代。其中，以平阳岱山《王氏宗谱》为例，同治七年（1867年）为汝霖同子骏良梓辑，四十年后的光绪三十二年（1906年）则为焜梓辑，王焜与王骏良是同房份不同家支的同辈，说明当时东源王氏家族许多人都以修谱为业，而且具有一定的谱师职业规模。

根据家族史料的记载和现代族人的回忆，从晚清到20世纪中后叶，东源王氏家族有影响的前代名师有汝霖、清璜、焜、骏良、鹤嶙、宝忠、宝书、宝琪、景祥、鲁、芑、声初、增纯、增波、增注、增廪、增仕、铨椒、铨坤、铨多、铨鸥等前辈，代表性人物如：

王宝忠，邑庠生，讳树义，字名道，号弦南，生于咸丰五年（1855年），卒于民国十二年（1923年）。王宝忠在《王氏宗谱》中的自记，为我们现在探寻木活字印刷的传承历史提供了一份直接的史料佐证。同时，他本人又是一位勤奋的谱师，出其梓辑现存世的木活字宗谱，就有光绪十一年和光绪二十年的《高阳郡许氏宗谱》等，其下四代子孙一直继承木活字印刷的技术。王宝忠娶瑞安曹村武举人林锦荣的长女为妻，对曹村林氏传承木活字印宗谱的手艺产生了影响。

王鲁，儒士，讳炳藜，字高燃，号乙垣，生于同治十一年（1872年），卒于民国二十八年（1939年），以其号"乙垣"为人熟知，"王就正堂"是其谱局堂号，现存世木活字宗谱有光绪十九年（1893年）的

《柏叶林氏宗谱》，民国十年（1921年）的《高阳郡许氏宗谱》等。鲁继承其父鹤嶙和叔父宝忠的修谱真谛，无论是谱学知识还是木活字印刷技艺都名贯一时。出其门下的房族学徒众多，著名的如六房四的叔辈宝琪（树银）等，他还热心将手艺传授给外姓人，曹村其姐夫林家的修谱手艺就得到他的传授，现国家级木活字印刷技术传承人林初寅之父早年就跟其从业。

王宝琪，原名树银，字名金，号叔玉，别号球，生于光绪二十三年（1897年），卒于1983年。现存世的木活字宗谱有1949年的《严氏宗谱》，1958年的《魏氏宗谱》等，谱局堂号"王为政堂"。王宝琪早年跟六房三房份的侄子王鲁学技艺，学成之后带了大批族内族外的学徒，后来成为名师的王增纯、王增仕等许多家族成员都出其门下，至今徒子徒孙有数十人。王增仕（号志宦）师从树银学成之后，带胞弟增立入行，现在增立的四个儿子超希、超亮、超锦、超克及长孙法崇都从事木活字印宗谱行业，而增仕不仅将技术传给了长孙法珊，还传授给三弟增枢的两个儿子钏茂、钏陆和孙子法印、延林等等。王宝琪膝下无子，过继了侄子炳朝，炳朝的两个儿子钏封、钏八也都继承了这门手艺。再之下，王钏封五子法鎏、法炉、法锐、法钞、法厂和王钏八三子法叶、法铄、法表及长孙许林都从父辈祖辈处继承了木活字印刷的技术。

王铨椒，字肃穆（亦作叔木），生于1924年，卒于1983年。王铨椒少时读书识礼，天资聪慧，文章、典故及书法都很有造诣，被誉为当时平阳坑所属的高楼片区的一位"秀才"，常受人延请做文章、写牌匾。作为一位现代的文人谱师，王铨椒历经20世纪30年代到70年代社会的动荡和变革，人生经历十分坎坷。新中国成立后，王铨椒由于在旧政权时期担任过平阳坑乡的常务事务员和小学校长，被划为"历史反革命"、"坏分子"，受到长期的监督劳动与批斗，但他又难舍祖上传承的修谱手艺，就铤而走险，躲藏着为人修谱。"文化大革命"期间，有一次，瑞安当地得知他在平阳凤卧一黄氏家族修谱，就派人前去抓捕，当地人民公社干部得知消息，提前通知了他，并提供方便让王铨椒逃脱，此后好多年他一直流落在外县不敢回家。

《谱师群贤毕至图》（李浙安绘）

　　正是他的执著，使六房三长房汝霖这一支家族的修谱手艺传到了现在的子孙，成为那个时期东源王氏家族有名的大谱师。

　　以上列举说明，虽光阴荏苒，但木活字印刷和修谱的手艺，在移居东源后的王氏家族中，薪火传承近三百年、十余代从未中断，从王法懋到现在东源王氏的其字辈，已传承了25代686个春秋（至2010年），增、铨（超）、法（腾）、其，这四个行辈是近数十年谱师队伍的主力。20世纪70年代至90年代，各地民间宗谱梓辑日盛，东源王氏家族及各姓谱师生意也日益兴隆，如2007年，王超辉同王法仔还梓辑了现任非盟主席让·平的华裔父亲家族，温州临江驿头的木活字《程氏宗谱》。

附：瑞安东源王氏家族木活字印刷（修谱）传承世系简表

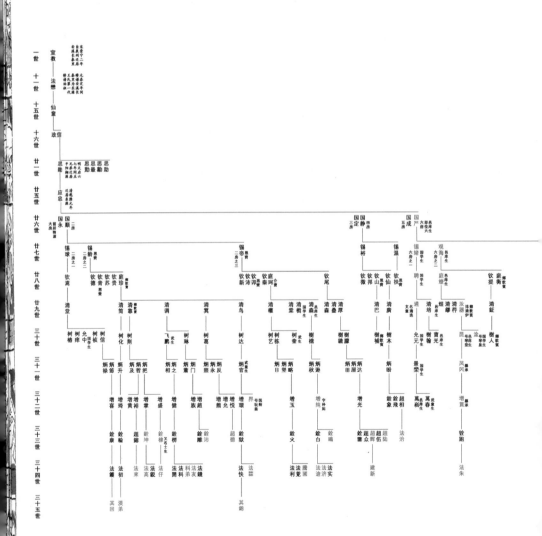

说明

1. 本表收录与木活字印刷技术传承相关的东源王氏家族族人，其他族人从略未录，并不能作为该家族的世系表看待。
2. 本表世系血缘递传以红线标出，木活字印刷（修谱）传人的姓名以红字标明，人名旁小注是读书功名与乡绅名誉，人名旁注上的字、讳、号为人们习惯的称呼和修谱时的署名，其他人从略。
3. 在《王氏宗谱》中，三十三世"铨"字、"超"字并用，三十四世"法"字、"腾"字并用。"铨"瑞安方言与"钏"同音，许多人习惯用"钏"字。
4. 由于年代久远，记载缺失，三十一世以上传人的名单难以调查齐全，此表仅根据十余位王氏家族传人的回忆，结合迄今为止我所见到的史料和留存谱牒实物作出，难免有所缺误。

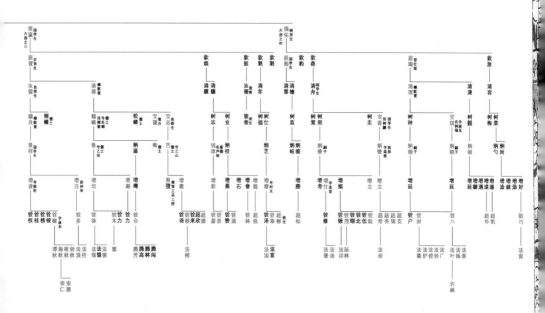

3. 东源王氏家族木活字印刷技术的传播

瑞安木活字印刷技术的传承是历史延续的民间行为,它的主要特征是扎根农村,依靠家族、家庭的纽带,或父子传承,或同姓房份带徒传授。在历史流变的过程中,东源王氏家族这项木活字印刷技术也逐渐随联姻和邻里关系,逐步授艺于外姓、外村甚至外县人,在一些外姓家族中也传承了数代。

通过姻亲关系传授技艺,是这个群体传承扩大的主要途径,东源王氏家族向曹村林氏家族传播木活字印刷技术就是一个典型例子。

在东源《太原郡王氏宗谱》和曹村《柏叶林氏宗谱》中,有清一代,王、林两姓双方族人有功名或殷富之家的联姻较多,这可能与曹村历史上盛行读书传统,频出状元、进士,号称“进士之乡”,而东源王家亦多读书之人和乡绅,讲究门当户对、荣宗耀祖的攀亲意识有关。现木活字印刷技术的国家级非物质文化遗产传承人林初寅,祖上数代都有学业绅名,高祖林培英,曾祖林崇修,祖父林上德都为读书之人。其中,在东源《王氏宗谱》中撰写自记,叙述兄弟合力,以修谱发家致富的王宝忠,娶的就是曹村西山下(今西前村)林培英亲堂兄武举人林锦荣的长女:

《王氏宗谱》宝忠条载:“妣,本邑三十七都曹村西山下武举人林锦荣公长女。”

《林氏宗谱》锦荣条载:“生子三女二,长适四十四都平阳坑东嵒邑庠生王宝忠。"

而王宝忠的长兄鹤嶙，则将自己的大女儿嫁给了林锦荣伯伯林王秀的曾孙林上德：

《王氏宗谱》鹤嶙条载："女二，长翠花，适本邑三十七都曹村西山下国学生林崇修公长子，名敬明（注：《林氏宗谱》载其名上德，讳敬明）。"

《林氏宗谱》上德条载："配四十四都平阳坑东嵒王氏儒士名畴（注：鹤嶙字）公女。"

上德之子林时生，时生次子林初寅，林初寅与东源王家的"铨"字辈是姻亲血缘的表兄弟关系。

从《林氏宗谱》两次修谱记载中，可以看出东源王氏家族向曹村林氏家族传授木活字印宗谱技术的关系。现存林初寅家族的光绪十九年（1893年）《柏叶林氏宗谱》，署名"王就正堂梓辑"，"王就正堂"是林初寅祖母王翠花的兄弟、东源名谱师王鲁（乙垣）的谱局堂号。林家传得木活字印宗谱的技术后，名其谱局堂号为"林问礼堂"。到民国六年（1917年）《柏叶林氏宗谱》再修的时候，署名则是"平阳坑王就正堂、西山下林问礼堂同梓辑"，该谱的"续修谱序"落款为："裔孙时生育卿氏谨撰，同东嵒舅父王乙垣梓辑"，可见木活字印刷手艺通过姻亲关系的影响和传承历史。

到当代，这种通过姻亲关系的传承还很普遍。典型的如王超

光绪十九年（1893年）王就正堂梓辑《柏叶林氏宗谱》
（林初寅藏）

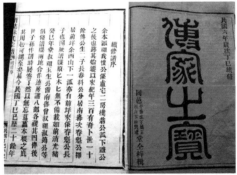

民国六年（1917年）平阳坑王就正堂、西山下林问礼堂
同梓辑《柏叶林氏宗谱》（林初寅藏）

民国六年（1917年）王就正堂、林问礼堂同梓辑《柏叶
林氏宗谱》的落款（林初寅藏）

希、超亮、超克三兄弟。超希娶邻村大龙头马爱华为妻，其妻弟马作一就拜超希之父王增立为师，超希自己又收另一妻弟马作锡为徒，马作一学成手艺，又带了自己的妻弟董文龙入行。王超亮娶邻村南山林凤仙为妻，岳父以上两代均师从东源王氏，妻弟林宝庄另拜姐夫为师。王超克则收同学潘朝柑为徒，而王超希的姑婆嫁到数十里外的营前，通过这层关系，王超希又收了那里数位姻亲后生为徒。再如，王法叶带了妻弟许一黄，又带了外甥潘永和；王其锦、王志力夫妻带上妻弟王志武搭班；潘朝良的谱班，更是兄弟、妻弟数人，俨然一个小团体。

东源王氏家族的木活字印刷技术的传授是开放的，早在民国时期，邻县平阳敖江的孔崇溪在东源学得木活字印刷技术，后来在当地传播了这项手艺。张益铄回忆20世纪六七十年代，许多邻县平阳人都偷偷地跑到东源来学木活字印刷技术。再如政府认定的木活字印刷技术传承人张益铄、王志仁、潘礼洁、吴魁兆、潘朝良等，都是东源同村邻里，从王氏家族的谱师中通过师徒传承，成为现在掌握木活字印刷技术的骨干。国家级木活字印刷技术代表性传承人林初寅现在所带的学徒，还有好多位来自瑞安以外的地区。

由于时代的变迁，科学技术的发展，人们思想观念的转变，木活字这种古老而笨拙的传统手艺已很少有人愿意学习、掌握和应用。20世纪90年代以来，虽然大家还是采用传统的木活字印刷方式和程序，但活字大多采用了铸字方便、字体美观划一的铅活字，一般将全套的木活字存在家中，有宗族要求用木活字印刷时，拉出来使用，平时带上木子和雕刻工具，用来临时雕刻缺字或冷僻字。目前，能够掌握全套木活字雕刻技术的，仅有四十岁以上的二十余人而已。但这并不说明木活字印刷技术的失传，就是在木活字印刷的流行年代，也不是人人都学会雕刻木活字的，大部分人还是以排版、印刷为主，由于生产过程需要数人配合，刻字和排版、印刷都有分工，掌握木活字雕刻技术的往往都是领班师傅。

正是这种家族、家庭传承和姻亲、邻里的传递，使木活字印刷技术成为了人们赖以为生的祖业，从而形成一股无形的凝聚力，使瑞安东源木活字印刷和修谱的技术经久不衰，历经数百年顽强地抵挡着历史和现代科学技术的冲击，生存至今。

瑞安市活字印刷协会成立时的谱师合影

[叁]木活字印刷技术在瑞安存续的社会条件

1. 木活字印刷技术与宗族谱牒文化的联姻

瑞安木活字印刷技术传承至今,是借助于中国传统的谱牒文化这一载体,用来印刷宗谱的。

从木活字印刷的历史看,尽管在明清两代得到较多的应用,有如"武英殿聚珍版丛书","程甲本"、"程乙本"、王希廉评本《红楼梦》等官方和民间有影响的印本,也出现过专业从事活字印刷的书坊,但始终未能成为古代书籍印刷的主流技术,书籍印刷主要还是使用雕版和后来发展起来的铜版、影印、铅活字印刷等技术,所以,木活字印刷在乾隆朝名噪一时之后,就逐渐地淡出了主流的印刷舞台。但是,木活字印刷并没有从此销声匿迹,而是借助谱牒文化的舞台,在广阔的宗谱印刷市场中,顽强地生存了下来。

从木活字发明和应用之初,人们就发现,木活字印刷非常适合于宗谱排版灵活、印数少、成书方便的需要。由于宗谱被视为宗族的圣典,严加珍藏,秘不示人,所以印数少,一般仅印数本,印数十本的不多见。在辈行关系上,人名频繁使用同一字,古代人名冷僻字又较多。木活字印刷有就地取材,费用成本低,不需要太多字库,添字时刻凿方便,印刷后不留存版等长处。而比之工期缓慢,难以复制的手写谱牒,它又有可复制多本,多方珍藏和备份的好处。因此,从元代初期开始,采用木活字印刷宗谱就悄悄地走进百姓阶层。到了明代，修谱之风更为普遍，现存世极少的明代宗谱中，就有如北京大学图书馆藏隆庆五年（1571年）的《曾氏宗谱》，鄞县仓大㭍《东阳庐氏家乘》，万历三十四年（1606年）《新安喻氏会统大宗谱》，万历三十九年（1611年）《遂邑纯峰张氏宗谱》，崇祯八年（1635年）《方氏宗谱》、《沙南方氏宗谱》、《袁氏宗谱》等木活字印本，说明明代许多宗谱都采用木活字印刷。清代是用木活字印刷宗谱的大盛行时期。据浙江图书馆丁红考证，"从乾隆中后期起，浙江普遍使用木活字印刷家谱，现存于世的清代浙江家谱有6430种，其中木活字本约有5100种"（《木活字印刷文化在浙江家谱中的传承与发展》，丁红著，载《图书馆杂志》2008年第2期）。正是这种对木活字印刷的需求，壮大了木活字印刷的工匠队伍，特别是在江南的浙江、江苏、福建、皖南地区，形成了职业化的以地域和家族为群体的木活字印刷队伍，数百年来，一代传给一代，延绵不断，及至社会急剧动荡的民国时期，这个行当在江南各地还十分盛行。

按《现代汉语词典》的解释，家族是"以婚姻和血统关系为基础而形成的社会组织，包括同一血统的几辈人"，宗族是"同一父系的家族"和"同一父系的家族成员（不包括出嫁的女性）"，所以"宗族"的概念比"家族"所代表的范围要大。由于谱牒之名为宗谱、家谱、族谱皆有，在本书中，根据"宗族"之大于"家族"的范畴理解和瑞安所作之谱牒大多以"宗谱"名之的习惯，故概以"宗谱"统称之。

保存数百年各时代的瑞安场桥《项氏宗谱》

　　可以说，修谱的需要，直接促使木活字印刷在民间普及。据有关资料对国内外机构和学者收藏宗谱的统计，其中木活字本约占所收藏宗谱的半数。可见，木活字印刷技术广泛应用于民间修谱活动，并借助宗谱的载体一直流传下来。各种中国印刷史研究的著作中，大多有专门章节来论述木活字印刷宗谱，亦可见用木活字印刷宗谱有着一定的文化传承需求和实用价值。

　　宗谱是宗族最重要的档案。宗族是指有共同祖庙、有明确父系祖先的血缘相亲的人群。宗谱是为了纯洁宗族的血缘遗传，加强族人的家族意识，缅怀先人业绩和家族荣誉，厘清宗族纵横相传的体系，规范传承世系的历史档案。东汉学者郑玄曰："谱之于家，若网在纲，纲张则万木具，谱定则万枝在。"在历史研究中，宗谱是官修史书、地方志、民间野史笔记的重要补充。

新修的宗谱被视为宗族秘籍而珍藏

据《周礼》记载，周朝的宫廷有掌"奠系世，辨昭穆"，记载帝王贵族家族谱系的史官。东汉以后，门阀士族势力崛起，为了彰显门第，士族阶层时兴修谱，使谱牒走出了官修的藩篱。唐末五代的战乱，摧毁了门阀士族势力，宋代推行文治，社会环境大为宽松，在学术思想方面形成了一个高峰，朱熹、程颐等理学大家倡导民间修谱，谱牒渗入庶族阶层。同时，谱系体例得以完善，欧阳修创立的"欧式"，苏洵创立的"苏式"，成为宗谱主体"世系图"的范例，一直延续至今。明清两代，理学制度化为封建礼教确立了以建宗祠、置族田、修宗谱、定族规、立族长为主要特征的宗法制度，使宗谱进入千家万户，谱牒文化遍及华夏。

祠堂和宗谱是温州农村宗族凝聚力的象征

　　历史上随着谱牒敬宗与收族思想的衍变，谱载范围也不断扩大：宋时宗谱从家族肇兴，以记载五服之内族人为主，如欧阳修、苏洵之修，是为"家谱"；随着家族的繁衍生息、分支形成若干支派递延，如元代修谱力求追远，以收族为主要手段，概以"族谱"统称；经过千百年来的迁徙流变，千枝万脉同归一宗，览明清以来，宗谱记载再细分为支派、房份，或有跨地域同宗的大联谱、统宗谱等，以"宗谱"之名为要。孙中山先生曾说："由于宗族的团结扩充到国家民族大团结，这才是中国人民特有的良好传统观念。"当代，宗法制度已销声匿迹，但祠堂和宗谱在聚族而居的广大农村，仍是维系人们继承传统、追思祖先、溯源血脉、激励后人、合社平安的重要载体,从而形成具有中国传统特色的谱牒文化。

由于宗谱的意义在于明确人们血缘遗传的水木本源,千流万叶总归一脉;明确昭穆世次,使族人明白宗族的秩序;宗谱彰显先德,提倡贫贱不可弃,富贵不能淫,使之体恤弱势、慈善社会。宗谱是宗族的历史档案,是血缘传承的圣经,在巩固宗族的团结、维持宗族秩序、激发宗族活力、鼓励族人为社会建功立业方面起到积极作用,是民族凝聚力的一种象征。

2. 地域历史文化的积淀

瑞安市地处浙江东南沿海,全市陆域面积1271平方公里,海域面积3037平方公里,是浙江省重要的现代工贸城市、温州大都市区南翼的中心城市。瑞安还是一座文化底蕴深厚的千年古县,早在三国赤乌二年(239年)置县,至今已有一千七百七十多年历史,自古崇文好学、耕读传家、人才辈出,有"理学名邦"的美称。南宋时期,"永嘉学派"的开山鼻祖陈傅良、集大成者叶适等均为瑞安人,他们主张的"事功"学说,是温州发展的重要文化渊源;元末明初撰写《琵琶记》的高则诚,被誉为"南戏鼻祖";清末"一代巨儒"孙诒让,在我国经学研究史和甲骨文、金文研究史上有着极其重要的地位,他在全国最初兴办新式教育的善举流传青史,是浙江现代教育的奠基者之一,其故居玉海楼,名列浙江四大私家藏书楼。瑞安境内古迹众多,其中全国重点文物保护单位4个、浙江省重点文物保护单位7个。瑞安鼓词、木活字印刷技术、蓝夹缬技艺、藤牌舞等入选国家级非物质文化遗产名录。而与木活字印刷技术相关的传统生产工艺，如造纸、雕版技术等，在瑞安也有悠久的历史。

瑞安的南屏纸制造技术由来已久，造纸作坊分布较广。据民国《瑞安县志稿·氏族门》记载，瑞安西部山区芳庄的先人于后晋天福

瑞安芳庄"南屏纸"作坊

二年（937年）避王曦之乱，由福建赤岸和南屏等地举族迁徙到现瑞安市的陶山、湖岭、芳庄、金川及毗邻的温州泽雅一带。他们发现这里山高岭峻，水资源丰富，又盛产竹子，于是重操家传的南屏纸制造的旧业，建水碓、砌纸槽，利用溪流的水将竹子捣成纸绒、纸浆，经过捞、压、晒等许多工序，制造出瑞安本地的"南屏纸"，并代代相传，到现在仍有使用。"南屏纸"纸张质地细腻柔软，吸水性好，很适宜书籍的印刷，为木活字印刷提供了很好的本地原材料。

　　木活字印刷中都要使用雕版技术，用来印刷书名、扉页、插图等整块版页，雕版技术在瑞安也有着悠久的历史，并一直传承至今。其中，与木活字印刷关系最为密切的是蓝夹缬花版雕刻和纸马雕刻技术。瑞安的花版雕刻技艺早在唐代僖宗年间，由施氏家族的祖先从河南光州徙福建辗转传入温州，经明万历年间和清康熙时期的两次迁徙，其中的一支家族落户到瑞安高楼。此项技术后来通过姻亲关

瑞安苏氏家族蓝夹缬花版雕刻

系传授到苏氏家族，现在苏家后人苏仕琴偕夫黄其良完整继承了这份祖业。纸马又有"菩萨纸"等多种称谓，它的产生交织着巫术、宗教、习俗与艺术的多重因素，多用整块木板雕刻出各种寓意的图画和文字，然后刷印在各种纸张上。唐代的佛教兴盛及经咒绢画、版印佛画的需求，直接促使纸马雕刻技术兴起，并促进雕版印刷技术的发展。纸马在瑞安至今还有较大的市场需求，因此纸马的雕刻和印刷一直传承到现在。比如，开连店设铺作业的纸马雕版师傅是平阳坑镇东源村的王钏巧，他又是木活字印刷技术王氏家族的浙江省级传承

瑞安苏氏家族蓝夹缬印染技艺

瑞安"纸马"和雕版

瑞安"纸马"雕刻传承人王钏巧

人，说明木活字印刷与雕版技术密不可分，在瑞安都具备它的配套条件。

3. 民间尊祖敬宗习俗的延续

同样，木活字印刷技术在瑞安能传承至今，既依赖于中国谱牒文化的传统，又与地域文化和民间寻根问祖的宗族情结紧密相关。

温州及周边的浙东南、闽北区域，历史上是典型的移民社会。南宋以前的温州一带，由于三面环山，一面临海，林壑幽深，海盗出没，被中原内地称为"南蛮之地"，人烟稀少。但南宋以后，随着政治中心的南移，带来了经济社会的发展和学术思想的繁荣，商品贸易日趋活跃，温州逐渐成为东南地区重要的工商贸易城市。随着农业耕作技术的改进，粮食作物产量逐渐提高，蚕桑、果树、甘蔗、蔬菜等农副产业不断发展，水利、造船、造纸、制瓷、纺织等手工业也蓬勃兴起。盐、茶叶、瓯柑、陶瓷、漆器等成为温州特色产品流向国内外市场，一批富有的工商业主和拥有大量土地的地主相继诞生。

物质的富有推动了思想文化的迅速发展，当时的地方书院和私人学塾如雨后春笋般崛起，富家子弟求学进仕、追求功名蔚然成风。据统计，仅两宋时期，温州地区有文科进士1371人，武科进士374人，在《宋史》上立传者有36人。以瑞安人叶适、陈傅良为代表的永嘉之学，与以陈亮为代表的永康之学、以吕祖谦为代表的金华之学，在历史上合称为著名的"浙学"。浙学与福建学派（以朱熹为代表

《永嘉学派群儒图》（李浙安绘）

的理学）、江西学派（以陆九渊为代表的心学），为南宋时期鼎立的三个主流学术派别。而永嘉学派"经世致用"的"事功"精神对后世温州人文特征的形成具有重大影响，同时也灌注在温州人崇尚宗族血缘和谱牒文化的情结之中。

在南宋时期的政治、经济、文化中心环境中，温州这一带社会经济得到迅速发展，从"南蛮之地"一跃成为全国瞩目的沃土，各地移民大量涌入，人口激增。现在翻开温州各地、各种姓氏的宗谱，常住人口绝大部分认祖归宗在山西、河南、山东等中原一带。考其迁徙路线，基本为两条：一是"永嘉之乱"和唐末五代为避战乱迁徙到福建闽南，宋元明清诸代因为繁衍生息，人口剧增而分支迁徙过来；二是唐末五代、北宋南渡跟随朝廷的中原人民，在兵荒马乱之余，喘息中止步定居在浙中和浙南温州一带。如曲阜的孔子后裔孔桧，就是在唐末五代的同光年间南下避乱，举家迁居温州平阳的。据民国《重修浙江通志稿》统计，宋代迁入温州的43族中，有35族来自福建，占总数的80%。另据林亦修著的《温州族群与区域文化研究》所列"瑞安市宋元移民表"统计，宋元两代共有141个族群从外地移入瑞安。到了明清两代，温州及浙江南部地区移民更是剧增。据明朝弘治年间《温州府志》统计，当时温州府所属五县有104976户，351081人口，但到了清嘉庆年间，据《大清一统志》记载，温州人口已激增为1933655人。查阅2003年版《瑞安市志》，其统计的现代瑞安人口209个姓氏中，从外地迁入的就有178姓，其中明确记载直接来自福建的70个姓，仅有31个姓氏未有迁徙记录注明。由此可知，从中古到近代，这一带的人口繁衍主要是靠举族迁徙增长的。

溯望历史，颠沛流离，聚族而居，举族图精。由于历尽迁徙的艰苦，所以各姓氏宗族的凝聚力很强，宗族组织也就具有强烈的社会活动功能。如清道光十四年（1834年）瑞安遇到灾荒，一时米价腾贵，引起饥民的骚乱，官府出面干涉，以图平抑米价，社会反而全面失控，后来靠"城乡各自为计"，"各村之各自为计"，各个村的宗族组织协调同姓富户妥协，将粮食减价售于饥民，才化解了这场危机。

说明宗族组织在民间社会里具有一定的地位，往往能起到官方难以
发挥的调节和缓冲社会矛盾的作用。在瑞安广大农村，都有一个普
遍的现象，多个姓氏宗族同住一村的地方，人们除各自宗族的祠堂
外，都建有一处村民共有的活动、祭祀场所，俗称之为"宫"，寓以
"合社平安"的理念，求得本村各宗族间的和谐相处。宗族在旧时
代实际上已成为地方基层的一种自治组织，是维系宗族内部团结和
各姓氏宗族间和平共处的载体。在这样的前提下，理顺本宗族的内
部事务，厘清宗族成员的血缘关系，规范宗族的行为准则，宗谱起
到了重要的作用。所以，温州地区各宗族一直以来盛行修谱，并独树
一帜，形成了讲究史料、严谨收族的谱牒风格和涵盖全面的宗谱体
例。明代弘治、正德时期的学者何景明在《瑞安钟氏族谱序》中，就

尊祖敬宗，续修宗谱是乡间民间的一件大事

盛赞该谱"其立例严，其考据精，真得古人作谱之良法也"。谱牒之学在温州地区虽经朝代更迭，但其蒂繁叶茂，日益隆盛。

从民国时期至今近百年，无论是兵荒马乱、战争频仍，还是政权更替，政治运动波及打击，无论是在乡族众，还是在外华侨或在全国各地经商、办企业的温州人，即或恋土怀乡还是寻根问祖，传统的宗族观念都十分强烈，顽强地躲过一场场冲击，基本完整地保持了传统的谱牒文化，同时保护了木活字印刷技术的传承和延续。朱熹说："三世不修谱，当以不孝论。"以孝为本的儒家思想，深深地扎根在温州民间。所以，一般每隔20至30年左右，每个宗族都要续修宗谱一次，许多地方甚至不到10年就要续修，即使是抗日战争、解放战争、"大跃进"、"文化大革命"时期也未中断过。

瑞安东源现存的1949年王为政堂叔玉梓辑的《严氏宗谱》，就

1949年王为政堂梓辑的《严氏宗谱》（王超亮藏）

《严氏宗谱》1950年完工时谱师的落款（王超亮藏）

是在温州解放前后梓辑，1950年春完工的，时值新旧政权更替，社会动荡，谱师修谱并不为之中断。而王叔玉同孙铨八梓辑的《魏氏宗谱》，则是1957年"反右"运动至1958年

1958年，瑞邑平阳坑东岙王叔玉同孙铨八梓辑的《魏氏宗谱》（王法炉藏）

"大跃进"时期的产物。1968年是如火如荼的"文化大革命"对传统文化大扫荡的年代，王志宦（增仕）还冠冕堂皇地署名"瑞安平阳坑东岙王绍槐堂志宦梓辑"，为平阳南港编修印刷了《颜氏宗谱》。王铨多那时担任东源生产大队的队长，不便公开让人看到他在修

1968年，瑞安平阳坑东岙王绍槐堂王志宦（增仕）梓辑的《颜氏宗谱》（吴小淮北望亭藏）

1968年《颜氏宗谱》内页的谱师落款（吴小淮北望亭藏）

谱，免得受到批斗和处分，他就每天早上4点多起床，偷偷摸摸地带上用具，翻山越岭去邻县平阳宗族修谱，下午回来要在村子后山的"半岭堂"待到天黑以后，才敢悄悄回家。王超希回忆，在20世纪70年代，他躲在深山岙的破草房中修谱，一听到人声，就仓促地卷起木活字家伙往山上逃，后来族人想出办法，为了联络方便，以敲木鱼为自己人上山的暗号。20世纪70年代初期，"文化大革命"的余波尚未散去，当今的木活字印刷技术传承人王超辉、王钏巧、王海秋、王超华、张益铄、潘朝良等一批青少年就已经拜师学艺，许多人虽然受到批斗、挂牌游街、没收木活字和印刷工具，甚至坐牢的种种苦难，但他们前赴后继，还是克服各种困难，为了改变贫困的生活，冒险地继承这一祖业，同时也在无意识中执著地保存了木活字印刷技术这项全人类珍贵的非物质文化遗产。

所以，回溯历史流变和社会、人口的聚散离合，独特的历史条件和历史文化，永嘉之学强烈的"事功"传统和"敢为天下先"的温州人精神，自然造就了谱牒文化在温州民间特别顽强的生命力，从而支撑了木活字印刷技术在瑞安东源为主的谱师群体中的传承。所谓"千丁之族未尝散处，千年之谱丝毫不断"，这种宗族根深蒂固的修谱情结清晰可见。有需求就有市场，有市场就有经营的行当，瑞安的木活字印刷技术就是依靠当地谱牒梓辑的需要，一枝独秀，得以传承延续了七百多年，至今仍绽放着中华传统文化的奇光异彩。

木活字印刷技术的工艺特点

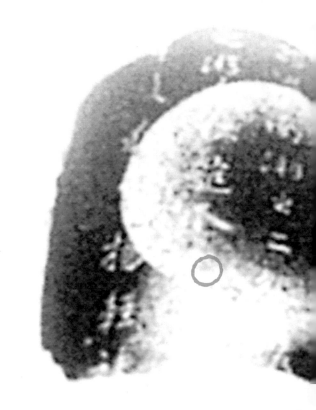

谱牒是中国的传统文化，讲究祖制和范式、范例。繁体字、老宋体、宣纸、线装，显得古朴、气派，瑞安木活字印刷的宗谱都具备了这些特点。

木活字印刷技术的工艺特点

　　谱牒是中国的传统文化，讲究祖制和范式、范例。繁体字、老宋体、宣纸、线装，显得古朴、气派，瑞安木活字印刷的宗谱都具备了这些特点。

　　瑞安木活字印刷技术严格遵循古法，工艺十分考究，概如王祯《农书·造活字印书法》所言："造板墨作印盉，削竹片为行，雕板木为字。"同时在继承古人创造发明的基础上，又有其改进与发展。在工艺流程上，首先是备好木活字，选取上好的棠梨木材，下好料，制成一个个木字模，然后在上面写字、雕刻。印刷程序为捡字、排版、校对、研墨（俗称"研水"）、上墨、刷印；印本后期加工为盖红圈、划支系、填字、分谱、折页、草订、切谱、装线、封面等。加上事先要做好谱牒的开丁（即采访入谱人丁）、誊清（理稿）、稽核先谱、厘清房份辈行等工作，总的有近20道修谱印刷工序。其关键的功夫在于：刻字有刀法，捡字有口诀，排版有格式。

[壹]木活字雕刻技术

　　木活字用材考究，瑞安的木活字都采用又韧又硬、上好的棠梨木。棠梨，学名"杜梨"，分布在我国华北、西北、长江中下游流域及

大小号木活字

东北南部，瑞安及周边地区也有出产。杜梨的木色为土灰黄，木质细腻无华，横竖纹理差别不大，特别适合于雕刻，旧时多用杜木雕刻木板、图章和活字等。由于近几十年来原生木材的短缺，棠梨木取材比较困难，因此，大家寻到材质好的棠梨木都竞相购买，储存在家以备用。棠梨木经干燥后，切成一块块板料，再经锯刨加工，制成一个个尺寸整齐的小小字模。

　　木活字根据谱牒排版的需要，分大、小两号尺寸，一般大号字体稍呈扁形，横13毫米，竖11毫米左右；小号字稍呈长方形，横6毫米，竖8毫米左右，大小号字模方柱体均长13至18毫米左右。为了防止混淆串用，各家之间的活字大小与长短高低往往各不相同。刻字是一项辛苦活儿，一天下来十几个小时，最快能刻上七八十个字，每担活字模得花上一年左右的时间才能完成，所以，木活字是谱师们的家珍，闲时束之高阁，秘不外露。

瑞安木活字印刷严格遵循古法，木活字刻的是老宋体、繁体字。老宋体字是从北宋刻书体的基础上发展而来的，由于宋体字方正、匀称，后来人们把它刻成书，版印成书籍，成为一种规范的印刷体，也是当时官府的衙牌、灯笼、告示及祠堂里的神主牌位等习惯采用的字体。明正德以后，特别是嘉靖年间，刻书模仿宋本成为一时风尚，宋体字演变为横细竖粗，笔画对比强烈，字形方正，根基扎实的印刷体，称为"明体"。因为这种字体体形古拙庄严，便于雕刻，阅读醒目，遂成为16世纪以来汉字的主要印刷字体，亦被认为是印制宗谱最适合的字体。由于宋体字已为人们所普遍接受，故人们对它不称"明体"，而仍称"宋体"，俗称"老宋体"。

刻字工具是一个小雕盘，用质地坚硬的木料，一般用硬木块制作，中间刨出可容纳数十个字模的凹槽，将要刻的字模整齐地放入雕盘，然后用木活闩撑紧。瑞安谱师的刻刀不用市售的成品，大家都用薄钢片自制，一般长约15厘米，宽1厘米，一端切成稍带弧形的斜坡面，打磨双面刀刃，然后在刀体两侧夹上薄竹片、缠上纱布以防割手。根据各自手法和习惯的不同，一些谱师将刻刀打磨成适合自己操作的刀锋刀形，如在刻刀的刀刃顶端，打磨出略微带钩的尖部，这

刻字工具

个尖钩对反转雕盘刻修字形时俗称的"挑"很有好处。

　　刻字的程序，东源谱师的方法与古代记载有所不同。如元代王祯是先在薄纸上写好字，然后将纸贴在整块木板上刻字，刻好后再将其一个个锯开成为单字，这样如有的字刻得左右上下位置有偏差，或锯开时锯刀用力不均匀，都可能使字体偏于单个木子的正中。《武英殿聚珍版程式》是先做成一个个独立的木子，把写好字的整张纸样剪成一个个单字后，逐个贴在木子上刻字。这些记载的方法是因为有写工和刻工的分工，即写字有写字的工匠，刻字的工匠则

反笔写字

不写字。瑞安的谱师处于民间，不可能花费大量的写工支出，都是身兼写与刻。基本方法是先做成一个个独立的木子，然后将要刻的字逐个直接写在木子上，这不但要求谱师有扎实的反手书写技巧，而且在没有现成的标准字体作参考的情况下，准确地把握好字形的上下左右结构，有一定的难度，是谱师们必须练就的真功夫。

刻字是个细心的活儿，特别是数毫米大小的小号字，其书写与刻凿都要求谱师练就扎实的刀法与手法功底，其要点是：反手，先

横、次直、后撇，用
毛笔仔细地将要刻的
字反写在平整的字模
上。在为雕盘上所有
的字模写好字后，就
开始刻字。刻字时，先
用刻刀逐步把所有的
横笔画雕刻出来，然

刻字

后刻直笔画，接着刻撇、捺、点笔画；字形出来后，将雕盘180度翻
转过来进行修刻，俗称"挑"，将每个字的直线、转角及字形结构修
正，使之整齐美观。刻字时必须静心运气，功到字成。字形刻好后，
最后将边角呈斜坡面全都挖去，俗称"起底"，以防印刷时沾上墨
汁，于是，一个个反写的字就凸显在木模上了。

[贰]捡字排版方法

1. 字盘

由于木活字印刷宗谱需要谱师挑担外出，流动工作，所以，瑞
安的木活字储字盘和捡字盘是合二为一的，既不像王祯的转轮排字
盘，也不采用武英殿笨重复杂的字柜形式。

字盘用厚木板作底板，四周钉上木边框，边框上缘凸起于底板
1厘米左右。字盘尺寸一般长40至45厘米，宽30至35厘米左右，字盘

大小两号字盘

中间用薄竹片或薄木片两头嵌入边框的上下端，隔开数十格，每个字盘可存放六七百个大号字或一千三四百个小号字，大小号字模分开字盘摆放。

刻好的木活字整齐地排列在一个个长方形的字盘中，一般需备两三万字，二十多个字盘，即谱师修谱的全套基本活字模，可以让谱师叠放，用绳索扎成两堆，一人用扁担挑走，俗称"一担"，是谱师营生的基本行当和标准装备。

由于储字盘兼作捡字盘，所以，字盘分为"内盘"、"送盘"和

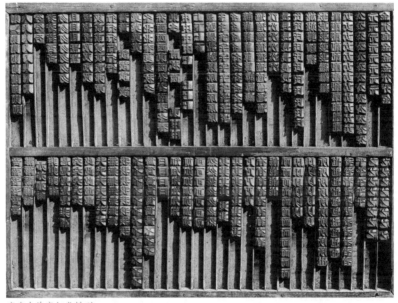

字盘中单字归类排列

　　"外盘"三类：内盘一般两个，放置常用的天干地支、方位日期、皇帝年号、"之"、"乎"、"者"、"也"等虚字。送盘按捡字口诀摆放常用的字，一般也有两个，分别摆放大号字和小号字。内盘与送盘在排版时放在排版台伸手可及的位置，便于拣取。外盘亦按捡字口诀存放单字，放置在内盘和送盘周围。字盘多的，还把不常用的单字另置外盘，放在排版台附近。送盘与外盘的字根据不同宗谱文字使用的特点，需要经常调整，一些字不常用了，就转移到外盘，外盘中的一些字常用了，则归入送盘。

2. 捡字口诀

瑞安木活字印刷的捡字法不同于王祯的声韵法，与武英殿按《康熙字典》的子、丑、寅、卯十二地支名偏旁部首法也有差异，而是采取通俗的、易于背诵的诗句形式的捡字口诀。在捡字诗诗句的每个字下面，或按偏旁部首，或以字形结构相近的规律，将字归类于不同的字盘。现在瑞安木活字印刷中使用的，有两首传承至今的古老的捡字诗。

（1）"君王立殿堂"五言捡字诗

"君王立殿堂"五言32句160字的捡字诗，是大部分谱师使用的捡字口诀，不知出于哪一代木活字印刷老祖宗的创意，囊括了常用汉字的偏旁部首，用瑞安方言诵读，有平有仄，极为入韵，便于记忆和应用，因而代代相传：

君王立殿堂，朝輔盡純良。庶民如律禮，平大净封疆。

折梅逢驛使，寄與隴頭人。江南無所有，聊贈數支春。

疾風知勁草，世亂識忠臣。士窮見節義，國破別堅貞。

臺史登金闕，將帥拜丹墀。日光升戶牖，月色嚮屏巾。

山疊猿聲嘯，雲飛鳥影斜。林叢威虎豹，旗熾走龍蛇。

卷食雖多厚，翼韻韜略精。井爾甸周豫，特事參軍兵。

飲酌羅暨暢，瓦缺及豐承。玄黃赤白目，毛齒骨革角。

髮老身手足，叔孫孝父母。來去上中下，雜字俱後落。

　　"君王立殿堂"捡字诗的特点是把头脚左右偏旁同类、字形相近的字排在诗句的每个字下，如尹、群、辟等归"君"字之下，主、玉、弄、理等归"王"字等。诗中有的字可以拆成多个偏旁，但往往仅用其中的一个，以防混淆。诗中"蛇"代表两个偏旁，凡虫、鱼偏旁均归其下，是个特例。诗中最后一句"雜字俱後落"，"後落"是置于后面的意思，是"落後"的倒置结构，典型的瑞安方言语法，意指将难以归类的杂字均存放此处。因此，只要背熟了诗句，熟悉字盘的排列位置，捡字时就能得心应手了。

　　"君王立殿堂"五言捡字诗字盘归类举例表

君	王	立	殿	堂	朝	輔	盡	純	良	庶	民	如	律	禮	平	大	净	封	疆
尹	主	童	殳	尚	幹	車	血	系	艮	度	氓	姓	征	祁	兀	尖	次	寸	弓
群	玉	章	段	堂	乾	軋	皿	紅	艱	應		姁	禦	福	亞	奈	冷	卦	弩
辟	弄	競	毆	當	韓	輩	盅	組		庫		娌	衍	神	丕	夾	馮	專	彎
	皇	端	毀	掌	幹	轟	孟	績		序		婭	循	補	豆	丈	冶	尋	引
	望	商	殺	常	幹	軒	益	糾		庠		妍	徊	初	歪	央	冰	辱	彌
	琴	旁	戳	棠	翰	斬	盆	約		庵		婆	微	衣	工	奮	凍	耐	弱
	班	產	殼	裳	幹	轉	盞	素		廖		妻	徐	裝	兩	夷	冷	尉	粥
	理	彥	毅	賞	戟	轎	盡	繁		席		姿	征	衹	丞	爽	冽	對	弛
	珍	辦	殷	黨		輪	畫	緊		龐		要	衝	袈		哥	凋	導	張
	璋	辯	般	嘗		軻		綦		座		婓	彼	裟			淮	射	强

春夏秋冬禾秀稿奏黎憂馥
貞買賣責質貫貨貸員贊贅

支文斐叟又斌歧敲鼓爛齏
堅土圭至型塹墾墜墊壁壘

數整教散收放敢敵政敦敏
別劉刊列剛判利刻刺到

贈貝販賜財賄賂賊賭賒貼
破石碧盤碎磚碗確研碑碓

聊耳聶恥取耶聘聰耵
國團圓困圖園圍圉圄囚

有左右布存灰希皮皺
義羨善義美羹差羔前並羊

所斤斥斯斷新頎斮斶
節竹算筆笙筐簫等符筌筷

無羔照熊烈黑烹熱熟煮
窮空究窺竊突窈容穿窯窨

南東棗棘西票栗北比冀
見覓覽親觀覲規覥靚覬觀

江河海深漢法沐浴流滓淮
士吉壬壯壺壹喜壽喆嘉

人入今介令全會含命傘禽
臣區匹巨匠匪匣匯臨臥

頭頁項顧頌頤預頂頓頗項
忠心志思想意性情懷怪悅

隴邶鄒隊防陣陰陽阿印卿
識計討訓議訪講證詩詞話

與典具真覺舉學興興
亂乳辭爭舜

寄它安室寂寞宇宙實客寶
世貫

使仁仍什任仕仙代仟他偉
草莊萍薛茂范花營英苑蒙

驛馬駕罵驚驅驛駛驢驥
勁勸功助勵加努夯勢男勇

逢遠近遞迪邁巡進迅過達
知矢矣短矩矯矮智短鉎雄

梅木查柔呆桌果杜梓桂桓風
鳳凰夙飄颮颱颶颺飆

折才撞握揚擔打捐拙拆抒
疾病症痛痊痘痕痤屙痔瘺

巾 幇 帛 幣 幅 幢 幄 幄 帆 幟　蛇
屏 屍 尺 屋 屈 犀 屬 尾 屆 尼　龍
嚮 向 內 肉 冉 再
色 危 龜 奐 兔 兔 象 詹 勉 彝 象
月 肖 肯 胃 臂 肝 膽 明 勝 朋 朗
牖 片 版 牌 牘 牋 牖 牖 牖
戶 扉 扇 肩 戽 帚 雇 宸 廖 扈
升 升
光 輝 耀 旭 兜 堯 兄 兌 克 允 兒
日 旦 星 易 昔 旨 曹 旺 晴 映 昶
墀 壩 坎 均 塊 垃 城 埂 塔 堤
丹 冊 舟 航 舫 艘 艇 舨 艦 艋 舳
帥 師 阜
拜 看 掰 舜
將 爿 壯 狀 妝 床 戕 斨 牁 牂
闕 門 開 關 閃 閉 問 閭 閑 鬮 間
金 鑾 鑫 鑒 錢 鍵 釧 鏗 鏴 錘 鉀
登 發 祭
史 吏
臺 甘 基 薹 苴

蟲 蠱 蛋 虹 蜂 蜿 魚 魯 鮮 鯉
山 出 岳 崖 崗 岩 岸 崢 嶸 峭 岐
疊 且 直 晝 俎
猿 犬 狂 狗 狼 狠 猴 獅 獨 猛 狎
聲 磬 馨 謦
嘯 口 占 哭 單 唇 吳 否 喧 葉 哪
飛 飜
雲 雨 雪 雷 霆 震 需 霞 露 電 靈
鳥 烏 島 梟 鷥 鷲 鸞 鸚 鴿 鵲 鵬
影 形 彰 影 彭 彤 彩 杉 雕 龙 辵
斜 鬥 尌 敘 斟 叫 斡 斜
林 森 禁 楚 梵 棼 婪 槑 鬱
叢 業
威 弋 戈 式 戎 戒 貳 戴 戰 戚 裁
虎 虛 虞 睿 虐 虜 盧 虧 彪 戲 叡
豹 豸 豺 貌 狄 貉 貌 貓 貂 貔
旗 旅 旋 旌 施 旎 旗 旒 旎 旖 旂
熾 火 炎 焱 災 焚 營 榮 灶 炬 烽
走 趕 趨 赴 趙 起 越 趣 超 趔 趁
龍 夔 襲 蟄 犇 襲 鑫 蠢

卷券卺	食餐館饃饅飼蝕饋飫肴	雖佳雋翟雙離雅雕雌雄雛	多夕夥夢舛夠殖殤殫殘殯	厚仄厄厝厓厘曆壓廈廚廁	翼羽羿翊翌習翩翊翔翹	韻韻韶音	韜韋韞韌鞁鞴鞻鞿鞲韜	略田由胃畏畢留番畝畔疇	精米粲糞粗粒料糊籽精粉	井井川州	爾	甸勹勾勿句乞包氣氛氧	周用甩甬司刁同岡罔	豫予矛野豫舒矜務	特牛牟犁犇牡牲牷物犢牾	事隶肆肄肇肇	參弁叁叒	軍冗罕冥冠冤冪冑冢	兵丘爪瓜天乍垂舞禹秉喬

飲欠歡欣歐歌欺款歟欶	酉酋醬醫醯醒體醉酬醇酤	羅置罪罩蜀罰罳罟罨罵	既暨申	暢暢申	瓦甕瓷甌甄瓶甂甌佤砱甌	缺缶缸缽壇欽罌罅罐壇礴	及乃朵	豐承曲農曲	承	玄亡市亢交充京夜亭高率	黃巷恭	赤赫赭赧頳頳赬頳糖	白帛皂魄皖皤皎皓皚助	目眉冒盲看瞀督睡睦瞳智	毛毫氈耗耗氅氌氍毹毯氆	齒鹵齷齪齒齠齜齦齬齡齲	骨體骸骼髓骷髃骯骰骺骱	革鞋鞭鞍靬韃韆韀鞡鞠韇	角斛觸解觴觥觫觶觭觱

髮	老	身	手	足	叔	孫	孝	父	母	來	去	上	中	下	雜	字	俱	後	落
髯	耄	軀	拿	距	又	子	考	爸	毋	末	丢	步	串		丫	卜	乂	乙	也 呙
須	耋	躬	拳	蹬	叉	孑	老	爹	每	未	劫	止		卞	卉	击	丸	九	匕 毛
胡	耆	躺	攀	踁	友	孓	者	爺	毒	末		卓		卡					
松	耇	射	擎	蹐	叟	孖	字	斧	毓	術		卤							
髹	耈	躲	挈	蹴	雙	孺	孕	釜	蝳	朱		卣							
髦		躯	挚	跬		孔	孿		馳	求									
鬢		躭	掌	蹒		孤	孥			耕									
髻		躶	擎	跌		孩	孳			鋤									
髡		躲	攀	跙		孢	孽			耢									
鬃		躔	弄	趾		孜	孟			籽									

　　这首捡字诗并不十分讲究诗句的含意，格律对仗也不规范，有的地方还颇为拗口，所生成的捡字方法也很特殊，不是规范的部首捡字体系，但其十分通俗管用。

　　无独有偶，在已故中国印刷史研究专家张秀民著、韩琦增订的《中国印刷史》（浙江古籍出版社2006年版第600页）中，张先生也提到了浙江嵊县和江苏常熟的谱匠过去也曾使用这首捡字诗。现转录该书附注中的原文如下：

　　君王立殿堂，朝輔盡純良。庶民娛律禮，**太**平净封疆。

　　折梅逢驛使，寄與隴頭人。江南無所有，聊贈數支春。

　　疾風知勁草，世亂識忠臣。士窮見節義，國破別貞堅。

基史登金闕，將帥拜丹墀。日光升戶**牒**，月色**向**屏**幃**。
山疊猿聲嘯，雲飛鳥影斜。林叢威虎豹，旗灼走龍蛇。
秉眾羅氛缺，**以幸**韜略精。**欣**爾甸**州予**，參事**犒**軍兵。
養食幾多厚，**粵肅聿佳同**。**非疑能**暨暢，**育配乃承豐**。

张秀民先生并注："以上为嵊县黄箭坂谱匠的字盘诗，由秀铫弟抄寄。有关嵊县谱匠的情况，据已故的沈贤修师的调查访问。常州谱匠亦有此诗，但略有差异，不知谁先发明。"

拿瑞安的32句160字诗对照张先生在书中引用的原诗，发现后者并不完整，只有28句140字，未有诗的收尾。两者对照，前面20句基本相同，后面8句则大不相同，共有30个字不同（诗中加粗的是与瑞安捡字诗对照的不同之处）。由此可见，"君王立殿堂"捡字诗应是浙江、江苏一带的谱师在长期实践中形成的创意，由于地域和历史的关系，在传承使用中又产生了一些变化或错漏，随着木活字印刷技术的逐渐衰落失传，各地记录的捡字诗都已残缺不全，唯独瑞安由于木活字印刷技术现在仍在使用，所以得到完整的保存。当然，这首捡字诗由于所出的师承体系不同，诗中的个别用字在瑞安谱师的记忆中也有些出入，各家归类都有些差异。这里是经王超辉、王钏巧、王海秋、潘朝良、张益铄等木活字印刷技术传承人多次讨论，订正了个别歧误，较为完整地还原了这首古老捡字诗的原貌。应该说，"君王立殿堂"捡字诗是古代民间文人的实用之作，是别具匠心的创意。

（2）"鳳列盤岡體貌鮮"七言捡字律诗

在瑞安东源王氏家族中，还有少数几个家庭使用的是"鳳列盤岡體貌鮮"七言8句56个字的捡字律诗：

鳳列盤岡體貌鮮，禦亭防史試科甄。

黽窮孝友須彰篤，勾次麟翰奠硯田。

肇續霸劻躋将相，娓辭暐錦據舷連。

被嘗餗產雖聞愧，疾起察來庶默延。

这首捡字诗的特点是诗句简短，易于记忆，将每个字拆开后，可分为两三个偏旁部首，囊括较多的字盘。如"鳳"字分为"几"、"鳥"两个偏旁部首，"盤"字分为"舟"、"殳"、"皿"三个偏旁部首。所以，全诗拆分后可有141个偏旁部首。

"鳳列盤岡體貌鮮"七言捡字律诗偏旁部首归类表

鳳	列	盤	岡	體	貌	鮮	禦	亭	防	史	試	科	甄
几	歹	舟	冂	骨	豸	魚	彳	亠	阝	史	言	禾	西
鳥	刂	殳	丷	曲	兒	羊	缶	口	方		式	斗	土
		皿	山	豆			卩	冖					瓦
								丁					
黽	窮	孝	友	須	彰	篤	勾	次	麟	翰	奠	硯	田
黽	穴	耂	ナ	彡	立	竹	勹	冫	鹿	卓	八	石	田
	身	子	又	氵	曰	灬	九	欠	米	人	酉	見	
	弓			頁	十	馬			夕	亻	大		
					彡				牛	羽			

字	部首	字	部首
連	辶 車	延	一 止 廴
觚	角 瓜	默	黑 犬 犭
據	扌 手 虍 豕	庶	广 廿 灬 火
錦	金 白 巾	來	來
暐	日 韋	察	宀 夕 示
辭	矞 辛	起	走 巳
娓	女 尸 毛	疾	疒 矢
相	木 目	愧	忄 心 鬼
將	爿 寸	聞	門 耳
躋	𧾷 齊	雖	虫 佳
劻	匚 王 力	產	文 厂 生
霸	雨 革 月	饢	食 氣
續	糸 士 罒 貝	嘗	尚 旨
肇	戶 戈 聿	被	衤 皮

　　"鳳列盤岡體貌鮮"七言捡字律诗是2009年初由王超希、王超亮兄弟和王法珊提供而新发现的，使用的范围不大，仅为东源王氏六房四这一支增仕、增立兄弟以下三代，六房三的增廥（时夫）及子铨奉，孙法国及师从、跟随他们工作的约二十人使用。追溯该捡字诗的来源，竟是瑞安土生土长的产物，为东源王氏家族三十世六房四王宝书创作。

　　王宝书，字名麒，讳树麟，号玉书，生于咸丰七年（1857年），卒于民国十二年（1923年）。据族人回忆，王宝书为乡间读书之人，聪而慧，在木活字印刷过程中，感到"君王立殿堂"捡字诗的诗句过长，不易记忆，偏旁部首与字形相近，混杂使用，难以分清，从而参照《康熙字典》，自己创意编成了这首拆分为偏旁部首的捡字诗，以"凤"来配"龙"（君王），形成了瑞安独有的龙凤相配的捡字诗。后来，乡间间闻其名声和才干，聘请他管理地方上的田册等事务，于是把手艺和这首捡字诗传给儿子炳璧，炳璧后来改行从医，就暂时将该诗搁置。炳璧次子增仕师从本房另一支的祖辈、名谱师树银，学的是"君王立殿堂"捡字诗。独立操业之后，觉得祖父的"鳳列盤岡體貌鮮"捡字诗比较好用，家传之宝亦不可弃，于是改用"鳳列盤岡體貌鮮"捡字诗，并带上弟弟增立入行。从此，这首捡字诗就依次传承于增立子超希、超亮、超克，超希子法崇，增仕孙法珊，增仕大弟增枢子钏茂、孙延林等这一家支至今，成为他们五代家传的法宝，外房仅传六房三的名谱师增廪及子钏奉、超彬，孙法国这一支。

"鳳列盤岡體貌鮮"七言捡字律诗到目前为止尚未见诸有关记载或研究著述，大可增补木活字印刷技术新的史料。总之，在瑞安木活字印刷技术这项非物质文化遗产中，"君王立殿堂"和"鳳列盤岡體貌鮮"两首捡字诗是一对龙凤配，可视为遗产中的遗产，它充分体现了古代底层劳动人民的智慧结晶，填补了活字印刷史上捡字方法研究的一项空白。

3. 捡字排版程式

捡字排版时，人们将字盘按次序摆放在用矮板凳架起的长木板上，构成宽1米多、长3米左右的工作台。由于工作的流动性和临时性，一般并不置备专用的工作台，而是用门板、床板，甚至是竹编的农家晾晒排充当，条件简陋。工作台的中间放置排版印刷用的印版，内盘置于印版的上方，送盘摆放在印版的左右两边，谱师坐在印版前的凳子上，内盘和送盘都在欠身够手到捡字的范围内了。

瑞安木活字印刷的宗谱书影尺寸常见的有两种，一种是把宣纸按开本尺寸，用谱师的俗语说法是裁为3裁，对折后的书影在42厘米×28厘米左右；一种是裁为4裁，对折后的书影在35厘米×22厘米左右。

印版是按传统谱牒格式制作的专用版式，其版面尺寸，即印版印刷的成品幅面中的实际印刷面积，根据纸张开本，也有两种。3裁的一般为32厘米×48厘米，4裁的一般为28厘米×40厘米左右。在实

捡字排版

三裁和四裁开本

际制作中，由于各家木活字大小尺寸不同，习惯和师承传统各异，及委托梓辑宗谱的宗族要求不一，宗谱的开本尺寸和版面尺寸都不尽相同，没有严格的尺寸规定。

印版用木料制作，选厚实而平整的板料作为排放活字的底座，四周用榫卯方式套上结实的边框，形成"版框"。版框四周刻上外粗内细两道凸出的线条，为双边形式，印刷后可形成接续完整的版框线条，俗称"隔框"。印版中间部位用木料隔出宽约2厘米左右，与天头、地角上下边框通贯中缝——版心（版口），俗称"隔山线"，版心里面刻上"鱼尾"，一般为双鱼尾装饰，上下鱼尾之间没有"象鼻"线作基准，称为"白口"，以鱼尾三角交叉处为中缝，将整个版面分为可对折的两页。版心从上往下依次竖排排印宗谱名称、卷数卷

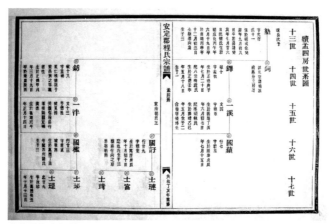

宗谱的基本版式

名、页码序号及修谱年份，一般以甲子纪年。

印版用以排印正文的主体部分，按照传统宗谱的体例格式，主要有两种：

一是欧式宗谱。欧式宗谱又称"横行体"，是北宋文学家欧阳修创立的。欧式宗谱仿《史记》年表，其体例是"前图后甲"的雁行式，先列世系图，俗称"图"，再另页列每人生卒甲子、人物事略的传记，俗称"甲"。每五代为一图一页，用竖线串联，在图中人名下查到该人"甲"的字号和序号，再到后面的"甲"中查阅每人的事略。

二是苏式宗谱。苏式宗谱又称"垂珠体"，是北宋文学家苏洵创立的。苏式宗谱以礼之大宗、小宗为次，其体例是全部采用世系图，俗称"五服支图"，世代直行下垂，人名间用纵横线条联系，人名旁注上人物生卒与事略。由于苏式宗谱人与人的关系排列得较为明确，相距几代都能一目了然，所以，温州和浙南、闽北一带，使用苏式宗谱的比欧式的多。

根据上述苏、欧两式宗谱体例的规矩，木活字印刷宗谱的版式主要有两种类型：

一种是宗谱的序、跋、志、赞等文章和欧式宗谱记载入谱人名生卒事迹的"甲"部分，按一般古籍的版式排版。这种版式要在版框内隔出"界行"，起行格界线的作用，用一片片薄木条，俗称"隔山"，从上到下通栏分隔。隔山低于版框上缘好多，使之不会印出线条来。通过隔断，可以齐整和固定木活字，不会歪斜。这样，把整个版框正文部分的版面，一般隔成20到26列左右的长条格子，就可用以整齐排放每列20到25个大号木活字，这样形成每页如10行20字、13行25字等"行格"（行款）形式，小号木活字亦穿插排列其中。

谱文印版

另一种是世系图。世系图版面是苏式宗谱特有的主体部分，也是欧式宗谱的世系简图和查阅索引。这种版式比较复杂，要同时在一栏中排上大小两号活字，所以，"隔山"采取凹槽相扣的方式，也用薄木条作材料，上下左右交叉，将版面分隔成上下5行，俗称"5大格"的版式，每格为一代，五代为小宗"五服"，意为"五世同堂"。纵向每页一般分割为9列，与"5大格"组成"五世九族"的含意。当然，也有的根据版框和木活字的大小，将每页分割为10到12列的。印版中的每列，一般排放大号人名2个字（宗谱正文中，本族人一般都省略姓氏），或排放记载人物事略的小号字，3裁的每列12个字，左右各6个；4裁的每列10个字，左右各5个，均排放在每列相应的横格中。有些人物的事略字数较多，必须相应地在本格中向左横排，必不可向下格排列。讲究的世系图版面，还在版框上方划出约1到2厘

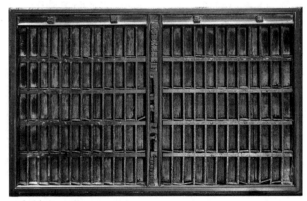

世系图印版

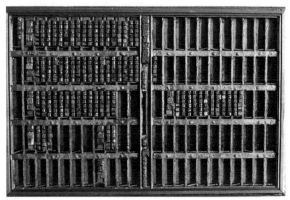

排好版的世系图

米宽的通栏，印上"五服支图"、"世泽绵长"、"世代繁昌、源远流长"等寓意肇祥的文字，是谱牒独有的行格形式。

宗谱的书名页亦采用对折的印版形式，一般雕刻专用的印版，讲究的雕刻装饰性的花纹，用大红纸张刷印。书名页正面一般在正

考究的书名印版

中印上"传家之宝"四个大号篆字，右边上角用木活字排上修谱年代，左边下角亦用木活字署上梓辑者谱局堂号和姓名的"版记"。书名页背面一般在正中印上"世泽绵长"四个隶书体大字，也有的在左下角署上梓辑者谱局堂号和姓名的版记。宗谱的插图有手绘，也有刻制雕版印刷的，祖宗像赞大多手绘着彩。

　　谱师们按照排版内容，选择不同的版式，边捡字边排版，排好一版，需仔细校对，勘误补漏。由于木活字遇不同的气候伸缩不同，刷印渗墨后干湿不匀，所以需要将整版排好的木活字作垫平调整，使之高低基本一致。这道工序，在王祯《农书》所记的是"排字作行，削成竹片夹之"，就是用小竹片椎入夹紧；武英殿的方法是"视

简单实用的小竹片顶紧木活字

其不平之处，将低字抽出，用纸折条微垫，即能平整"。而瑞安木活字印刷的印版，在每格下端横隔山线上，都有一小块紧顶着两端竖隔山的竹片，俗称"叉子增"，类似一种活动的，但又很紧配的锥、凿式的活动机关，排好字后，只要用尖头的小镊子挑动、推紧"叉子增"，即可调整相应格子中木活字的高低和两边的平整度。如是重复调整各个格子的字模后，整版字模的高低、上下、左右都夹紧严实了，使用起来非常方便。这项简陋而不起眼的小机关，比之王祯或武英殿的方法，工效高得多。

宗谱由于印数少，都是一人独自完成捡字、排版、校对和印刷工序的，所以，排满一版后，立即印刷，不留存版。

[叁]印刷与后期制作

1. 印刷工艺

印刷工艺采用的是传统的刷印方式，工具有木制墨盘，在印版文字表面上刷墨的刷子和在纸张上刷印的刷子。木墨盘一尺见方，分为储墨和匀墨两格。在印版上刷墨的刷子俗称"下刷"，下刷用棕丝扎成圆柱体，高约15厘米，直径约8厘米不等，手握持在圆柱体的中间部位。在印版的纸张上面刷印的刷子俗称"上刷"，上刷用棕丝扎成两头上翘的元宝形，两头中间顶一木块，木块上面用细布条或丝绳缠绕住棕刷两头上翘部分，当中插一根4厘米长的小木棒，然后绞紧布条或丝绳，将棕刷整体紧固。

下刷(左)和上刷(右)

印刷用的纸张大有考究,首选的是上好的宣纸。囿于不同的年代和不同经济实力的宗族,选择的纸张品质也大不相同。如20世纪50年代至80年代,生产资料匮乏,人们经济条件差,一般都用打字纸印刷。现在用打字纸的少了,宗谱都讲究使用宣纸中的熟宣。当然,用纸不受谱师的左右,全由宗族头人说了算。

刷印前,先要研墨,俗称"研水",印刷量大的时候,将手砚墨放在水中浸泡成墨汁。讲究的谱师则使用绍兴老酒调墨,据说可使墨色光艳,永不褪色。刷印时先将调好的墨汁适量倒入木墨盘的储墨格中,用下刷蘸出墨汁在匀墨格中均匀砚墨。上墨前,将待印的版面先用清水刷洗一次,稍晾一会儿,然后下刷。下刷很有讲究,

研墨

上墨（下刷）

刷印（上刷）

阴雨天只要刷一次，干燥天要刷好几次。用墨也很讲究，少了看不清，多了模糊成一块。不同材质和产地的纸张，各具不同的吃墨性和渗润性；春夏秋冬四时，也各有窍门。

印版吃墨均匀后，谱师从待印的纸扎堆中轻轻地用两手手指捏住纸的左右下角，对准印版四角放下，前后数百数千纸张对准各个印版的准确度和误差，全凭谱师的眼力和功夫。然后由外及里地"上刷"（刷印），先横刷上端边框，然后刷中间版心，再拖刷下端及两侧边框，吃准手力，在宣纸上来回刷动，直至版框内正文凸起的字体吃墨均匀。揭起宣纸，一张清秀的木活字印刷品就展现在我们面前了。

印版在印好份数后即行拆开，木活字归还字盘原位，谱师开始排印下面一版。

揭起宣纸，一张清秀的木活字印刷品就展现在我们面前

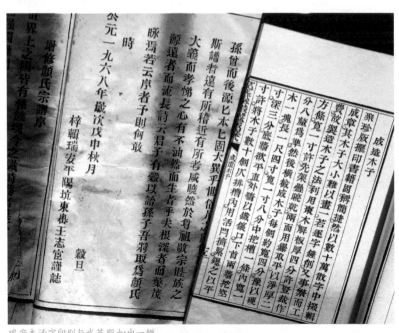

瑞安木活字印刷与武英殿如出一辙

盖红圈

画支系

填字

2. 后期制作与装订成册

盖红圈　几十、上百页印好后，谱师们要在世系图各人的名字上方盖上小红圈，使连续宗族繁衍的支系线条转折处美观。讲究的还在红圈中刻上"衍"字，表示人丁兴旺、后世绵长，寓意吉祥。

画支系　画支系是苏式宗谱世系图中明晰血缘关系和辈分承递的路线，用红色线条标出。谱中，上下人名之间的竖线条，是表示直系上下辈的关系递次，横线条为同胞平辈，线条连接在各人名字上方的红圈上，组成纵横线路，一目了然。

填字　由于世系图每页只能容纳五代，凡是后代以本姓生衍传宗接代的，必须转页接续。填字就是在人名下方盖上红色的"提"字，谱称"五世一提"，人名下面没有"提"字的，说明没有男性后代接续。

分谱　将加工好的册页按装订的先后次序整理出来，按册数分别配页理顺，俗称"分谱"。

宗谱中的支系、红圈及"提"字

分谱

折页 将纸张沿版心中缝,将单面印的书页的白面向里,图文朝外对折,折页时要让书页栏线整齐,版心栏宽度一致,然后检查页码顺序,撞理整齐,夹紧。

折页

草订 草订不草,乃为实订。先在理齐成册的宗谱上下覆上封面,沿口子(版心)一面撞齐,放在装订板上用重物压住书册,用铁锥在谱册上下长各三分之一的位置,距书脊2至3厘米处各打一对洞孔。然后用与谱册相同的纸,沿竖纹绞成纸捻,分别穿过两对洞孔,在

穿纸捻

打结

裁切

订外线

上面打上死结,将谱册固定压紧定型。纸捻在谱册裁切后留在里边,并不取出。

裁切 在一块木板上平整地放好谱册,上面压上一块大枕木,用脚踩住,然后用一把带把的大切刀将谱册四周按书影尺寸裁切齐平。这是一种最传统的方法,现在谱师们在偏远的地方还经常使用,但在有条件的地方,都拿到印刷厂用机器裁切。

装线 由于谱册比一般的线装书幅面大许多,所以谱册大多采用在普通线装书"书脑"一侧打4个装订孔的基础上,再在"书头"、"书根"两角各多打一孔的"六眼装"形式。这一道工艺采用棉线装订,棉线的缀订一般按"坚角四目式"的线装规律穿行,这种方式不仅可强化坚固书角,不使其起角、起皱,亦起到美观谱册装帧的效果。

封面 传统古籍称作"书衣",即书的前后封皮。谱牒封面在过去用蓝靛布的，属于比较讲究的包装，也有简单地采用毛边纸的。为了增加硬度，过去谱师们往往将封面纸张对折，有的在里面再衬上数层旧报纸、黄草纸之类的。现在的宗谱封面，许多采用特种纸，讲究的宗谱，还采用绫子、绸绢等丝织物覆粘在纸上精制封面，或用硬纸板覆上各种高档的面料装饰。封面的颜色，除了传统的土黄原色外，还广泛使用红色或深蓝色、蔚蓝色，民间传统的蓝靛布至今还颇受欢迎。

装线效果

贴书名签条是线装书特有的一道工序。事先要将该宗谱的名称刻好长约18至22厘米、宽约5厘米的雕版，刷印在红纸或土黄色纸上，然后贴在宗谱封面的左上角，离天头和前口各约2至3厘米的位置上，于是一册古色古香的木活字印刷的宗谱就完成了。

贴书名签条

用以上这种原汁原味、复古的风格制作谱牒，古朴典雅，充满木活字印刷技术和中国传统文化的精髓。

印刷完成的木活字宗谱装箱珍藏

木活字印刷的谱师与谱牒文化

从开丁、理稿、排版、印刷到圆谱，辛勤的谱师们一次次传承着木活字印刷的传统手艺，一遍遍传达着万家谱牒的传统文化，一代代传递着中华民族的血脉渊源。

木活字印刷的谱师与谱牒文化

[壹]谱师的前世今生

旧时"开局祠庭"，宗族要设立"谱局"，谱师则以自己的修谱堂号命名"谱局"，如王鲁的"就正堂"，王宝琪的"为政堂"，王铨椒的"茹古斋"，王志宦的"绍槐堂"，林时生的"问礼堂"，等等。

挑上木活字行当上宗族祠堂

在民国以前的小农经济时代，社会上读书识字的人少，谱师大多是些不入仕的读书人，拥有一定的地产，在乡间民间享有声望，所以，谱师是一个体面的职业，小日子比单纯种地要滋润得多。民国以后，社会动荡，经济凋敝，许多读书人接受新式教育，离乡背井外出打拼新天地，留下来的谱师都生活在农村，背朝天、

祠堂是修谱的主要场所

面朝地，种田是他们的本分。所以，谱师们大多是在农闲时挑上木活字行当和简单的生活家什，到延请他们的宗族祠堂去修谱。修谱时是住祠堂，吃公粮（祠堂的公田所出，亦称祠堂田），携家带口吃住上数月，亦可维持基本生活，省下了在家的吃口消费，运气好的，还可得到一些现银现金的报酬。

　　现在修谱人大多还是住祠堂，由于现在的祠堂没有祠堂田，伙食得自己掏腰包，报酬按入谱的人丁收现金计算。修谱的生意，要看宗族的大小，小姓宗族入谱数百一两千人（人，俗称"丁"），大姓一两万及至数万丁，收取人丁的单价不同，总收入也不同。一般来说，谱师的工钱是在开丁采访时跟着负责的族长、族人挨家挨户收取，少者每丁不到十元，多者每丁也不过二十余元，遇到经济宽裕的人家，能够包得"利市"，类似赞助性质，一般与宗族按规矩分得一小头，权作奖金。谱牒梓辑完成后，宗族都要举行圆谱祭祖仪式，谱师还可得到一笔宗族犒赏的"利市"钱。由于现在宗族修谱的经费来源主要靠赞助，支出要向族人公布，接受监督，所以，对于谱师的工钱往往是斤斤计较，谱师修谱的收入普遍低微，一年辛苦下来，不过赚一份工资钱，生意好、运气好的，也够不上发财致富。

尽管温州经商办实业的人多，但在农村，大多数人毕竟除了种地、搞副业，也是外出打工。东源人有修谱的手艺，又有修谱的需求，使这支谱师队伍能在新老交替中接续下去。

修谱的需求使瑞安木活字印刷技术在新老谱师的传班交替中继承下来

现年48岁的王法炉担任瑞安市活字印刷协会会长。20世纪70年代，少年时就学会了木活字印刷宗谱的手艺，那时"文化大革命"的余波尚未平息，外出修谱是偷偷摸摸的，一遇风吹草动就连夜搬迁，抓住了当迷信分子、封建复辟分子游斗，吃尽苦头。王法炉与哥哥法鎏就两次被当地部门抓去，挂上牌子游街示众，被召开批斗会，上台挨批斗，特别是那担宝贵的木活字被某县公安机关没收，至今他还感叹唏嘘，念叨着能找回它。王法炉的曾祖父为名谱师王宝琪的嗣子，父亲和叔父与兄弟五个都继承祖传的修谱手艺。改革开放后，兄弟们也曾另谋行当或外出经商，闯荡江湖之后，有的还是回来重操旧业。

王法炉叔父王钏八已75岁高龄，解放前12岁时就跟着祖辈名师树银入行，特别珍视祖传的手艺。20世纪无论是如火如荼的"大跃进"，还是摧枯拉朽的"文化大革命"，王钏八都冒着被抓斗的危险，含辛茹苦，躲在深山里为人修谱，历尽坎坷。王钏八一家至今还守着修

谱师工作条件是简陋而艰辛的

谱的祖业，三个儿子法叶、法铄、法表也都以修谱为生，各自拉上班底，辗转于各地宗族。老大法叶与妻儿一起，主要在浙江的温岭、玉环等地修谱，已近三十年，囊括了那里七八成的宗族生意。

东源村的董文开，原名朱景很，是邻近的高楼乡人，20世纪70年代初，推荐上大中专的名额让别人开了后门，就入赘东源董家做了上门女婿。那时妻子家"阶级成分"不好，在生产队干活受气，又挣不到工分，看着同村王家人修谱搞副业，不要下地劳动，有文化的董文开也就偷偷摸摸地跟着人家学到了修谱的手艺。80年代，董文开曾到商海里搏击过一番，最终还是回到本行，十几年来，与妻子董文松伉俪搭档，取名"紫阳堂修谱局"，在侨乡青田县山区长年修谱。尽管所到之处陋舍寒居，董文开夫妇却乐此不疲，毕竟靠修谱的手艺，夫妻俩盖起了新居，抚养子女上学成家，撑起了这片天地。

谱师工作和生活往往同处一室

潘学胜在瑞安谱师队伍中属于知识水平较高的中年谱师，刻字、排版、印刷手艺精湛，对谱牒文化还颇有一番独到的见解。潘学胜与妻子谢阿孙夫妻搭档修谱，赚钱和养育孩子难以兼顾，是夫妇俩挂嘴的遗憾。

在修谱生意上，或父子兄弟搭档，或夫妻相随，或股份搭班，或请人代工，瑞安谱师队伍形成了一个个组合，抱团外出，凝聚力极强，这也是瑞安能完整地继承传统木活字印刷技术的动力之一。

东源王氏家族的家庭组合如：王超辉、王建新父子；王海秋、潘玉琴夫妻，儿子王崇仁、王崇德和两媳妇一家；王增立与王超希、王超亮、王超克父子及王超希、马爱华夫妻、儿子王法崇一家，王超亮、林凤仙夫妻，王超克、徐秀凤夫妻；王钏封与王法鎏、王法

各种搭班组合是瑞安木活字印刷队伍外出工作的主要形式

炉、王法锐父子；王钏八与王法叶、王法铄、王法表父子，王法叶、许乙红夫妻、儿子许林一家；王钏茂、王延龄父子；王士生、王法仔父子和王法仔、郑兰香夫妻；王腾国、许华妹夫妻；王法浪、陈阿女夫妻；王其锦、王志力夫妻；王钏鸥、魏仙珠夫妻，等等。王钏鸥于2007年因病故去，魏仙珠不顾在外经商的子女要她过去安享晚年的恳求，作为一个女人，独自一人挑起修谱的担子，接续丈夫遗留下来的修谱业务，女人担纲，这在谱师历史上是不多见的。

非东源王氏家族的家庭组合如：林初寅与林甲正父子；张益铄、张小兀父子；王志仁、林王娥夫妻；潘礼洁、王爱玉夫妻；吴魁兆、魏玉妹夫妻；潘学胜、谢阿孙夫妻；董文开、董文松夫妻；马作一、董甩弟夫妻；潘朝良、潘朝豹兄弟；叶信锭、叶信阳兄弟，等等。

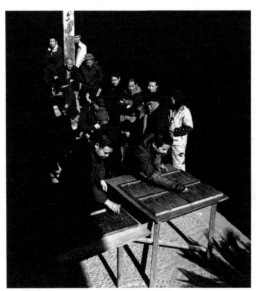

木活字印刷技艺伴随着瑞安谱师扎根在广袤的民间

当然，许多谱师并不举家修谱，一般是带上徒弟和帮手搭班，年轻人也不在少数，但从生计出发，支撑这个传统手艺都难能可贵。他们有如：王钏巧、王超华、王法珊、王超德、王法铢、王钏亲、王川沛、王其回、童洪贵、童宗胜、王学新、王志武、潘燕翔、许乙黄、王增龙、董文龙、董希元、梅茂秋、张全伍、施书拱、陈思东、马作锡、马显南、林何平、潘永和、黄章程、苏忠学、王学池，等等。其中，王法珊、王超德、王法铢、王钏亲等人都是祖上数代谱师的嫡传，如王法铢是王鲁（乙垣）的曾孙，王超德是王宝忠的曾孙等。

夫妻相随，父子搭档，或股份搭班，或请人代工，一如祖宗的规矩。每宗业务工作时间视族份大小，人丁多少，资料收集难易程度而定，日夜赶工，男人大多干捡字排版和刷印等技术活，女人大多干划支、打圈、上线、封面等后续工作，少则两三个月，多则一年半载。一些见识面广，熟识文墨典故，商业头脑灵光的谱师成为班主，一茬茬业务经年不衰，生意做得红红火火。瑞安的谱师队伍走街串巷，几乎囊括了温州城乡，乃至周边地区及外省。

[贰]谱师的手艺与谱牒文化

东源木活字印刷是与谱牒文化结缘的，翻开浙南闽北各地各年代的族谱，发现扉页几乎都有"平阳坑镇东源（东岙）村×××梓辑"的落款。

旧时新徒入行，师徒行过见面礼，师傅口授入行"三心"：留心、小心、坚心。然后教授识读繁体字，背诵捡字诗，小学书法，写反体

年轻谱师在偏远山区修谱

字, 磨刀刃, 练刻工,《康熙字典》是必备、必查、必通之物。基础
扎实了, 授以全套读旧谱、识支系、排行次、开丁 (采访)、誊清 (理
稿)、捡字排版、刷印及装订功夫。渐渐地, 学有所成的谱师们, 熟
悉姓氏起源和流变, 能熟练地在错综复杂的宗族支派繁衍中, 准确
地接续新的谱系, 熟记甲子纪年, 认读古人冷僻字和异体字, 学习古
文语法, 读懂古文, 有的还能撰写谱文, 知晓一些历史典故。

明代名士方孝孺说:"谱者, 普也, 普载祖宗远近、姓名、讳字、
年号; 谱者, 布也, 敷布远近, 百世之纲纪, 万代之宗派源流。" 正
是由于谱牒具有这种典籍性和文化性的社会功能, 因此对谱师素质

新徒入行（李浙安绘）

的要求很高，不仅要求谱师掌握精湛的木活字印刷技术，又要求谱师具有丰富的历史知识和识读古文字、写作谱文的水平，所以旧时的谱师大多是些不入仕的读书人。东源的王氏家族六房王位六是邑庠生，耕读传家，其派下数十子孙在有清一代多出邑庠生、贡生、廪生、监生等读书人和乡饮宾、登仕郎等名号褒奖的乡绅，他们大多掌握和从事木活字印刷宗谱的手艺。这些人既有文化水平，又有木活字印刷的手艺，各地宗族纷纷延请他们修谱，因此，东源乃至瑞安的木活字印刷宗谱的手艺传承，与王家六房数代人努力读书有一定的关系。

这些前辈们知书达礼，不仅木活字印刷手艺高超，而且还为宗族撰写谱文，多有亮句佳篇。如同治六年（1867年），汝霖为平阳岱山的《王氏宗谱》作谱序曰：

> 尝思立天之道曰阴与阳，立地之道曰刚与柔，立人之道曰仁与义，而仁义之实，莫大于事亲，从兄由从父兄推之，孰非祖德之留贻耶！盖家之有谱，所以表彰祖宗功德，深人追远，报本之情，所以分序世代源流，笃人同气连枝之谊。苟谱牒不修，恐前者愈远而难稽，后者益繁而莫纪，至昧乎祖宗之创建迁移，与世代之支分派别，是忘本也。将毋尊祖敬宗睦族之谓，何吾族岱山之派也！……斯谱之修，不为虚文也，凡生乎吾族之后者，可不共勉欤？因不揣固陋，特书数语，以发其凡，若云序也，予则何敢！

序文洋洋洒洒，文理兼备，既讲透了修谱的道理，又朗朗上口，是一篇难得的谱牒文章。

与祖先们不同，现代的谱师们则大多没读过几年书，普遍是小学、初中毕业的文化水平，都是地道的农民，只是祖传的手艺，让他们在十几岁少年时，就操起了修谱的行当。学习古文字、古汉语是年轻谱师们入门的首道门槛，要把学校学到的简体汉字在头脑里转换为繁体字，对于现代古文字识读能力不高的大多数人来说，实属不易。同时，还要掌握一些文言文语法语句知识，即便写不了谱文、祭文，也要了解基本知识，避免在使用中出错。只有刻苦学习了古文字、古汉语基本知识，再熟练地反手认字、写字，才可进一步掌握全套木活字印刷技术和修谱功夫。

宗谱编印前，宗族要选定吉日良辰，请谱师在红纸上印刷开工告示。择谱师潘朝良修谱红帖为例：

> 龙湾潘氏大宗重修宗谱开印大吉：
>
> 敬宗睦族，子孙繁衍。根深蒂固，源远流长。丁财两旺，合族荣昌。
>
> 谨择于公元2008年岁次戊子十月廿六日吉时。

谱师挨家挨户上门采访，核实入谱人员的姓名、生辰八字、配偶子女、住址产业、学历职务等情况，然后对照旧谱，稽核誊清。在修谱的实践中，谱师们勤奋自学，都成为谱学的行家：掌握宗谱的基本体例格式，懂得追溯谱源稽延，叙述承继分合，厘清房份辈行，修订谱名谱式，补充轶失，订正传误，识别僻字，严肃阃范。讲究的宗族，还要求领班谱师能撰写谱序、祠堂记、传赞等文言文章，甚至绘制遗像、谨慎书法。

谱师挨家挨户采访入谱人丁

对照旧谱，厘清承继

稽核誊清

宗谱从明清以来，大多按大宗谱法修编，由总谱、房谱与各家支选印的家谱组成，基本结构有序文、凡例（谱例）、目录、诰敕像赞、源流宗派、行第、世系世表（世系图）、历代仕宦、列传、传赞祝文、祠堂记、祭祀规记、家规家训、宗约、山场田地、墓志墓图、艺文著述。现代的还有编委会、宗祠、遗产遗物及人像照片、女丁入谱等。

所以，谱师们肩挑着木活字印刷和谱牒文化两副中华传统文明的担子：作为木活字印刷手艺，他们是工匠；而作为谱牒编修，他们又是专业的文化人。

[叁]圆谱祭祖习俗

人之有祖，犹水木之有源；家之有谱，犹国之有史。宗谱印刷完成，便成为宗族的象征，带上了神圣的色彩。为此，宗族要选定吉日吉时，在宗祠中举行隆重的圆谱祭祖仪式，将新修的宗谱摆上祠堂的主祭案头，享受香火供奉。这是宗族祠堂一项盛大的活动，届时延请外地同宗、同姓联族、异姓宗族、乡里坊间前来祝贺，还要请许多有身份的族人从外地赶来。

仪式一般由谱师主持圆谱祭典，族长、宗子，或根据社会名望、经济状况等条件，推选各房、各辈分代表担任主祭裔孙。仪式开始之后，要由谱师在预留的世系图首页始祖名下画一条红线至二代祖先，以示宗谱编印完成。接下去是一套传统繁复的仪式仪轨，主要由谱师和族长诵读祭文，拜谱以祚，然后拜天、拜地、拜祖先，分发房谱、家谱，封箱总谱。还要大摆宴席、设坛祭祀、抬谱巡游、连台演戏、举族欢庆。

选定吉日，在宗祠中举行隆重的圆谱祭祖仪式

宰牲备供

上演连台好戏

　　下面整理东源王氏木活字印刷传承人王海秋在苍南县潘家桥村,主持潘氏宗祠圆谱仪式的祭仪为例:

谱师主持祭谱仪式

谱师诵读祭文

　　喝:外厢台放炮三声! 鼓凤楼擂鼓三通! 鸣金三作, 笛弄三张, 鼓乐齐奏!

　　(稍候, 转奏细乐, 主祭者依次登坛就位。)

　　(净手、正冠, 分香给每位首事。)

　　喝:跪! 初上香, 再上香, 三上香。(执事者插香玉炉。)欣! 平身(重复三巡)。

　　喝:跪! 初叩首, 再叩首, 三叩首。欣! 平身(重复三巡)。

　　喝:跪! 初奠酒, 再奠酒, 三奠酒(洒酒地上, 重复三巡)。止乐。

颂：奠酒已毕，伏以听读祭章（众跪）：

跪拜祖先

维中华人民共和国公元2004年岁次甲申，仲夏月，庚午参，越祭日乙未，主祭裔孙：潘登德、潘金德、潘志亮等暨领合族男女老幼，谨以牲礼香帛、果酒鲜花之仪，致祭于第一世祖，讳节公，官封昭德将军；妣归荥阳郡徐氏夫人；以及各房各派历代先祖之灵前。

词曰：

呜呼先祖，昌承嫡孙，拜祭先祖，在天英魂。世祖节公，官居漳州，毕高后裔，云光世胄，奉旨平乱，随家闽邱，子孙蕃衍，遍及全球。三十世祖，讳名汝济，字怀吾公，徙迁平邑，居十八都，由闽迁浙，四百余年，孙支繁殖，已十七传，流派虽别，支本相连。潘氏宗祠，规模庄严，重修宗谱，欣庆完编，各地宗亲，亦临拜瞻，尊祖敬宗，盛况空前。特邀羽士，表晋上天，普度祖上，俯鉴心虔；并请僧侣，诵经荐然，更期施惠，阳门同沾。业皆发达，世出英贤，或贤或孝，守法守箴，道德为本，礼让当先，为民良善，为官清廉，忠以报国，勇能锄奸，振兴中华，光耀祖先。祝福子孙，代代冠裳，先灵赫赫，世泽绵绵，吾祖有灵，来格来尝，呜呼尚飨！

传谱以示子孙繁昌

盛大庄重的圆谱仪式激励族人奋发图强、报效社会的进取意志

起乐,欣!

喝:礼毕平身,退拜化钱,放炮三声!

喝:三传谱:

喝:初传谱,财丁两旺,人文辈出。

喝:再传谱,男康女泰,学艺蝉联。

喝:三传谱,百业兴隆,万事吉昌。

(新谱从主祭族人们的手中传递,鼓乐齐奏,烟炮齐放。)

到此,圆谱祭祖的主体仪式已经完成。各地的风俗习惯不同,圆谱仪式和围绕圆谱祭祖所举行的系列活动也大同小异。在一般意义上,上述仪轨在圆谱仪式中都是必需的。拈香敬酒,以示虔诚;向祖宗献谱,以示敬宗睦族;族人传递宗谱,以昭宗族源远流长；各辈分和房族代表祭天、祭地，以祈求天时地利，国泰民安；跪拜祖先，则寓意继承祖德，举族奋强，光宗耀祖，具有自觉的积极向上的意义。

从开丁、理稿、排版、印刷到圆谱，辛勤的谱师们一次次传承着木活字印刷的传统手艺，一遍遍传达着万家谱牒的传统文化，一代代传递着中华民族的血脉渊源。

木活字印刷技术的代表性传承人

木活字印刷技术的代表性传承人有：国家级木活字印刷非物质文化遗产传承人王超辉、林初寅；浙江省木活字印刷非物质文化遗产传承人王钏巧；瑞安市木活字印刷非物质文化遗产传承人王海秋、王志仁、吴魁兆等。

木活字印刷技术的代表性传承人

木活字印刷技术的代表性传承人

2009年6月，在瑞安市文化广电新闻出版局的支持下，从事修谱行当的人们，自发成立了自己的社团——瑞安市活字印刷协会。首批就有100人入会，其中，半数以上是东源王氏家族的成员，但许多家庭仅派一两名代表参加，还有些人尚未申请入会，可见，这支队伍实际的从业人员还要多很多。在地域分布上看，从业人员以东源村所在的平阳坑镇为主，遍及邻近的曹村、马屿、高楼、营前、陶山等乡镇。主要的骨干传承人有：国家级木活字印刷非物质文化遗产传承人王超辉、林初寅；浙江省木活字印刷非物质文化遗产传承人王钏巧；瑞安市木活字印刷非物质文化遗产传承人王海秋、王志仁、吴魁兆、张益铄、王超华、潘礼洁、潘朝良、王超希等11人，以及王钏茂、王超凯、王超标、王腾国、王法叶、王法鎏、王法创、王法楷、王法铢、潘学胜、董希成、王志新等当今还掌握木活字印刷技术的人。

[壹]国家级代表性传承人

王超辉（1955.12.28— ），国家级木活字印刷非物质文化遗产传承人，平阳坑镇东源村王氏家族第三十三世二房三木活字印刷传人。

王超辉

　　1974年，19岁的王超辉拜房份同辈谱师铨坤为师，初学入门，宗谱使用的繁体字就让只有小学文化水平的王超辉犯难，幸亏父亲留下一本《华山字典》，王超辉就拼命翻读，遇到生字，就抄在纸上随身背诵，一天、两天、三天……凭着固执和勤奋的个性，一年多下来，王超辉竟几乎把字典翻烂了，这使他记住了许多字，打实了识读繁体字的基础。雕刻木活字既要细心，又要掌握好刀法手劲，还要练好一手毛笔字，这毛笔字还与一般的不同，要反写，许多人都是在这个关卡上中途而退，干干捡字排版和刷印的活。而王超辉生性有点固执，处世也较真，他就反复地练习，渐渐地摸到了许多诀窍，靠特别能吃苦的毅力，愣是把手艺学到了家。出师单干以后，王超辉嫌自己的水平不够，又向当时王家二房的名谱师增纯（字朴如）请教文史知识和谱牒修撰的要义，提高了自己的综合水平。

2002年以来，东源木活字印刷技术的遗存引起了世人的关注，许多媒体纷纷前来，以他为采访对象进行报道，于是一夜之间他名扬四海。采访多了，见了世面，说起修谱之事，王超辉滔滔不绝。他的解说和宣扬扩大了东源木活字印刷技术的影响和传播，俨然一位瑞安木活字印刷技术的代言人。出名之后，他更加勤奋地操持木活字印刷技术，加强谱牒文化的进修，翻字典，寻根究底是他的老习惯，现在翻得更勤快了。与此同时，他还不忘报效社会，经常受邀到全国各省市和香港现场演示木活字印刷技术，并在东源木活字印刷文化村展示馆常年担任操作演示员的工作。

王超辉带上儿子王建新与房份侄子王法仔等人搭档，修谱的生意一直不错。2008年，他们受温州临江驿头村程氏宗祠的邀请，为现任非盟主席让·平父亲程志平的家族修印木活字宗谱。程志平年轻时远渡重洋，到非洲的加蓬谋生，娶当地女孩为妻。为修好这部充满跨国姻缘传奇色彩，联结不同种族血缘友谊的宗谱，王超辉和他的搭档倾注了大量的心血，用最认真的态度、最好的印刷材料和工艺、最美观的装帧效果，历时半年，为程氏宗族献上了完美的宗谱。圆谱之日，王超辉被奉为上宾，受到族人们的尊重。

林初寅（1938.4.8—　）国家级木活字印刷非物质文化遗产传承人，曹村镇西前村林氏家族木活字印刷传人。

林初寅出身在耕读世家，其祖先许多代在农耕生活之中，发奋自强，读书荣名，获得许多功名，是曹村一代乡间的名门望族。林氏家族在晚清时期，与东源王氏家族有多宗联姻，其房份祖辈武举人林锦荣嫁女给东源名谱师王宝忠为妻。林初寅的祖母就是王宝忠长兄鹤嶙的女儿，舅公是名谱师王鲁（乙垣）。林家好多代都以木活字印刷宗谱为业，从祖父林上德开始，林家开设了"林问礼堂"谱局，其技艺和修谱之精名闻各地。

林初寅14岁时就随父亲林时生学习修谱和木活字印刷手艺，17岁初中毕业，那时新中国成立不久，百废待兴，林初寅的学历在地方上算是一位"秀才"了，所以木活字印刷技术掌握得很快，对于文史知识和谱牒文化比一般人有更多的了解。

林初寅

1952年，父亲林时生去世，19岁的林初寅就挑起了祖传修谱的担子，接续祖父、父亲修谱的宗族业务。

由于林初寅记忆力好，理解力强，很快获得了许多宗族的信任，获得许多新的订单，生意做到台州、福建等许多地方。正当他修谱事业如日中天的时候，"文化大革命"开始了，修谱如同其他民族传统文化一样，被作为"封、资、修"的坏东西受到打击和摧毁，林初寅不得不辍停修谱的手艺，凭着在农村有一定的文化，当起了代课教师，后来又调到镇上的农机厂工作。但是，对于祖传的修谱手艺，林初寅一直念念不忘，难以割舍，退休以后马上重操旧业，带上甲正、甲化、甲解三个儿子外出修谱，班底多时有二十几人。同时，林初寅积极宣传民族文化的历史传统，在自己的家里办起了木活字印刷展示馆，还将保存的一百多件宗谱一起展示给世人参观。

[贰]其他传承人名录

王钏巧（1956.8.12— ），浙江省木活字印刷非物质文化遗产传承人，平阳坑镇东源村王氏家族第三十三世六房四木活字印刷传人。

1973年，王钏巧初中毕业，在当时农村算是有知识的，曾想谋一份代课教师的工作，他的一位房份叔叔说："你去教书只有二十多元钱一个月，咱家族有祖传的修谱手艺，不如学修谱，带有文化性，还可吃上白米饭。"就这一句朴素的劝导，让王钏巧今生选择了谱师的职业，跟六房三的堂兄王铨合学艺。

王钏巧

　　王钏巧悟性好，从学刻木活字开始，学艺进步很快，曾1角钱一个，替人代工木活字，两年后学得全套木活字印刷宗谱的手艺，开始单干。王钏巧25岁时，改革开放的时代潮流，也使"文化大革命"期间偷偷摸摸进行的修谱从"地下"走到"地上"，王钏巧生意红火起来了。王钏巧那时开一个丁6角钱，一天最多时可赚到6元。渐渐地，王钏巧的腰包鼓了，26岁那年就花了6000元盖起两间二层楼房。

　　在东源村，王钏巧是人们公认的头脑特灵光的人，生性勤奋，颇有商业头脑。数十年来，他的谱班生意一直做得很红火。而且，他特别重视宗族历史的沿袭和流变，上门修谱，首先要认真地了解该宗族的世袭和迁徙情况。他认为，历史有不同的看法，以君王朝代看是大历史，而宗谱记载的是小历史，小历史是大历史的枝叶。一次为永嘉徐氏宗族修谱，这是个大宗，涉及当地八个村，四万多入谱人丁，王钏巧仔细地为其梳理世系枝叶，将其中记述的地方历史活动的记载都保留下来。特别是关于温州地区古代抗击海盗的历史，许多宗谱都有记载，王钏巧一一记录下来，他说，这些都可以作为正史的补充。在乐清为翁垟叶氏宗族修谱时，他从族人提供的记载定居此地六百年历史的《六百余春秋》一书中，收集了许多百姓生活变迁的轶事，如从古老的刀耕火种生活方式到近代通电点灯过程的细节记录。他认为，这些是很有意义的历史资料，需要用心保存下来。

宗谱印刷中还使用雕版来印刷封面谱名或插页，王钏巧妻子的爷爷那里正好祖传白氏"纸马"雕版、刷印手艺，于是他又去学习全套雕版手艺，还在镇上开了爿"纸马"店，传承了白氏的"纸马"手艺，继承了这项非物质文化遗产。

张益铄（1953.7.7—　），温州市木活字印刷非物质文化遗产传承人，平阳坑镇东源村人。

张益铄为人谦让随和，生意上的事从不与人相争计较，一门心思钻研木活字印刷手艺和谱牒文化。张益铄在木子上写字，根据字形结构，"三花分"（分三部分结构）、"两花分"（分左右或上下结

张益铄

构）常挂嘴边，拿起毛笔，一笔带过，一个反写的字就端端正正地出来了。他说自己刻的字颇有规矩，超过父亲的水平，至今仍是东源谱师中刻字的一把好手。

张益铄平时喜欢钻字眼，有人说他是"行走着的《康熙字典》"，一点不假。如某谱中有个字写作"枞"，要是一般文章，找个字代替或修改文句把它避过就行了，可它偏偏是一个人名，避不过去，张益铄把这个字刻上后，还颇费一番工夫向族人了解到，说是那人的长辈听瑞安鼓词的一个故事，故事的主人公得了怪病，求得一帖秘方，到一树林里找到一棵树上挂着的心吃了，怪病就痊愈了，于是家人就给他生造了这个字用上。还有一些为避讳而生造的字，如有些人八字五行缺水，就在名字旁加上"氵"，缺木的加上"木"，这样一来，原本正规的字变成不伦不类，谁都看不懂的别字了，张益铄都一一将它们收集起来。这样，他的字笼里就多出了四五千个这类古怪字了。张益铄说，将来拿它充实《康熙字典》吧。

王海秋（1956.2.25— ），瑞安市木活字印刷非物质文化遗产传承人，平阳坑镇东源村王氏家族第三十四世六房三木活字印刷传人。

王海秋是东源王氏家族木活字印刷嫡传最久的代表人之一。从六房祖先王位六开始，经观瀛、庭实、汝霖、骏良、景祥、松轩、铨椒到他这一代，木活字印刷技术已明确连续传承了八代，从未间断。

由于王海秋家族修谱声名远播，加上个人的勤奋和聪慧，续修

王海秋

老谱和新谱的业务络绎不绝。在长期的修谱实践中，他还特别关注宗族的文化内涵，经常与许多宗族头人交流各姓氏的历史和典故，对宗族和宗祠仪式仪轨摸索出一套独到的程式。因而，王海秋的修谱方法也具有对谱牒文化理解的个人特色。在圆谱仪式中，形象端庄严谨，祭文工整流畅，诵读抑扬顿挫，完全起到了谱师主持和主祭的作用。

王志仁（1957.12.2— ），瑞安市木活字印刷非物质文化遗产传承人，平阳坑镇东源村人。

20世纪70年代，王志仁（别名龟龄）随本族的叔辈王挺庄学习木活字印刷宗谱手艺，凭着钻研好学的个性，王志仁逐渐成为业内知识面较广、技艺造诣较深厚的谱师。

王志仁对于姓氏的起源和历史迁徙特别关注，通过几十年细心的收集、记载和整理，做成分类资料。在修谱生涯中，常有族人要考量修

王志仁

谱先生的文才和修养，王志仁于是捉笔书法，修订冷僻字、古文法，作谱序、祭文，略通地理风水，无不应时而用。特别让他自得的是在修谱过程中，对温州、瑞安古代名人史料的积累，如叶适、陈傅良、高则诚、刘基等人的历史典故，大到功名仕途、历史成就，小到饮食起居、冠冕习性，他都耳熟能详。

王志仁有现代商业头脑，在谱班机制上采用股份制，并根据不同宗族的要求，引入电脑和数码照相技术来制作宗谱，多的一个宗谱做到了十多万丁，成为瑞安谱师队伍中有影响的班主之一，他的谱班也很有实力和竞争力。

吴魁兆（1962.1.14—　），瑞安市木活字印刷非物质文化遗产传承人，平阳坑镇东源村人。

吴魁兆

吴魁兆为人憨厚秉直，干事总凭着一股劲，把木活字的雕刻技术刻苦地学得有模有样，这在现在四十多岁的谱师中还是少有的。吴魁兆与妻子魏玉妹多年来一直形影相随，以修谱齐家，并在家中购置电脑和打印设备，赶潮流接续那些要用现代手段修宗谱的需求。

王超华（1954.8.16— ），瑞安市木活字印刷非物质文化遗产传承人，平阳坑镇东源村王氏家族第三十三世六房四木活字印刷传人。

在瑞安谱师中，王超华是刻木活字的好手。王超华在叙述他的刻字秘诀时说："雕刻木活字首先要掌握老宋体横轻直重，撇如

王超华

刀、点如桃的字形特点。"由于宗谱里有许多冷僻字和自造的怪字，没有现成的字样可作参考，所以讲究的是安排好上下左右结构，分好字体的间距和笔画位置，其中，要将反体的字形意识融化在心里，成为识字的习惯。刻字时，刀法的循序渐进和受力功夫是关键，先横后直，撇、点同时，然后反转雕盘，起底，修边（修整笔画和字模边缘）。同时，王超华的刻刀有讲究，他在刻刀的刀刃顶端，打磨出略微带钩的尖部。他说，这个尖钩对反转雕盘刻修字形时俗称的"挑"很有好处。

潘礼洁（1957.7.18— ），瑞安市木活字印刷非物质文化遗产传承人，平阳坑镇东源村人。

潘礼洁携妻子王爱玉，带上舅舅留给他的修谱行当，以自家正堂清咸丰八年邑人、翰林院编修孙锵鸣题字匾"鸿案齐辉"为训，开始

潘礼洁

长达30年夫妻谱班的生涯，先后辗转在温州地区、福建各地。其中最让潘礼洁得意的是为福建石狮金井的郭氏宗族修谱。石狮郭氏宗族分布港台、东南亚和世界各地，宗族将分散在五湖四海的各支派、各房联络起来，编修郭氏宗族的大联谱。潘礼洁从中感受到谱师在谱牒文化中的重要作用，受广大宗族社会尊重的地位和荣耀。

潘朝良（1953.9.3— ），瑞安市木活字印刷非物质文化遗产传承人，平阳坑镇东源村人。

潘朝良脑子灵活，喜欢出新制奇，写谱序、祠堂记、像赞，勘误旧错，规范记载无不有板有眼。他主持所修的谱牒，敢于大胆引入许多新的元素，如甲子纪年与公元历法对照排列，儿女行辈、配偶记载等都根据当代的情况给予改进规范，这种既得谱牒古法，又有时代气息的谱牒风格，颇受宗族的欢迎。同时，潘朝良对谱牒文化的传承非

潘朝良

常看重，面对年轻一代，他都要像老先生般讲述谱牒故事，还把自己三十多年前刻制的一套四万余个木活字捐献给温州市博物馆，作为馆藏实物向观众展示。

王超希（1958.8.12—)，瑞安市木活字印刷非物质文化遗产传承人，平阳坑镇东源村王氏家族第三十三世六房四木活字印刷传人。

以王超希为代表的这个谱师家族拥有8担按"鳳列盤岡體貌鮮"七言捡字律诗排列字盘的木活字，在瑞安市木活字印刷技术的传承中有一定的特色。

王超希

在"鳳列盤岡體貌鮮"七言捡字律诗的传承上，王超希兄弟是嫡传后人。王超希的曾祖父宝书和祖父炳璧均为谱师，王宝书创作了"鳳列盤岡體貌鮮"七言捡字律诗后，因去管理地方的田册，将该捡字律诗传给儿子炳璧，而炳璧后来专研中医药，又将这首捡字诗传给儿子增仕、增立。这样，"鳳列盤岡體貌鮮"这一独特的捡字口诀就成为这一家支的家传法宝，主要为该家族成员和师从他们家族的姻亲、学徒群体所用。

王仕生（1949.2.1— ），瑞安市东源村"中国木活字印刷文化村展示馆"副馆长，平阳坑镇东源村王氏家族第三十三世二房二木活字印刷传人。

中国木活字印刷文化村展示馆作为对外交流的窗口，现由王仕生、王超辉和魏仙珠三人轮流担负日常操作表演工作，其中王仕生受瑞安市风景旅游管理局聘任，担任副馆长，专职负责操作表演和展示馆的日常管理。王仕生曾担任东源村党支部书记，2002年筹办展示馆时，王仕生做好同院族人的工作，将祖居二百多年的老屋出让给政府设立展示馆。

王仕生

木活字印刷技术的传承传播

从本世纪初瑞安传统而古老的木活字印刷技术的发现，到展示窗口的设立，从『浙江省非物质文化遗产普查十大新发现』之一，到成功申报联合国教科文组织『急需保护的非物质文化遗产名录』，瑞安木活字印刷技术成为一项非常宝贵的人类共同的文化遗产。

木活字印刷技术的传承传播

[壹]遗产的发现与历史意义

　　21世纪之初的2001年，一段不起眼的文字图片开始为海内外注目："在电脑照排带来印刷速度高速而方便的今天，在浙江南部山区、飞云江中游南岸的一个山旮旯里，一个叫东源的村庄有家还全手工操作的木刻活字印刷作坊。"2002年初，新华社播发了一则消

"深山老林惊现千年活字印刷"的报道

息："我国宋代发明的一字一模的木刻活字印刷术经过近千年的历史沧桑，并未绝迹，它仍旧以古老的风貌隐匿在瑞安的一山旮旯里。一个散发着墨香的小作坊，原汁原味地保存着其原始的韵味。"2002年第4期的《中国国家地理》杂志刊登了张琴、庄颖昶采访的专版图文《代代相传的绝技——活字印族谱》，以中国地理核心刊物的权威性，公布了瑞安木活字印刷遗存的发现。

刊载瑞安木活字印刷的刊物书籍

　　从此，有关瑞安东源惊现木活字印刷这一国粹菁华的文字、图片、影像报道铺天盖地，接踵而至：《人民摄影》、《劳动报》、《光明日报》、《文汇报》、香港《大公报》、《浙江日报》、《钱江晚报》、《扬子晚报》、《沈阳日报》、《温州日报》、《温州晚报》、《温州都市报》、《瑞安日报》、中央电视台、浙江电视台、瑞安电视台等众多报刊、电视台、电台、互联网及国外的一些媒体，都用显著的版面、黄金时段、专题栏目作了报道："千年古文明还在我们身边，东源村再现木刻活字印刷术"、"深山老林惊现千年活字印刷"、"山旮旯惊现千年活字印刷"，各路记者纷至沓来，使这些信息迅速走向大

中央电视台在拍摄纪录片

中央电视台"见证—发现之旅"报道（视频截频）

江南北、长城内外，传遍全国，传到海外。接着，中央电视台10套晚上9点半的黄金栏目"见证—发现之旅"，在追索木活字印刷历史考证的《深埋的物证》专题中，播放了瑞安木活字印刷的现实场景和操作技术，以瑞安木活字印刷的活体存在，论证了中国活字印刷发明对推动世界文明进步无以辩驳的事实："人们用棠梨木制作活字，每个字块大小高低都一样，在装置活字的木框里，每个字行之间都用木栏夹紧，固定好的模版就可以直接用于印刷了。这里的每一个步骤，都和元代王祯的描述如出一辙。他们的做法，似乎就是从古代原封不动流传下来的。"之后，浙江卫视也拍摄播放了《千年活字》专题电视节目。2004年，中央电视台又拍摄播放了电视纪录片《木活字印宗谱》，将这项遗产的影像全面系统地向世界传播。

北京奥运会开幕式让瑞安木活字印刷的名声更火了

2008年北京奥运会开幕式，缓缓打开的长卷之上，方块汉字连绵起伏，转瞬间，一个个活体字模又翻转变幻，将一个巨大的中国古汉字"和"呈现在全世界观众眼前，"和"字三变之后，897位演员突然从地下涌出……6分45秒，展示我国古代四大发明之一的木活字印刷技艺场景。浙南的一个小山村——瑞安东源，北京奥运会又让这里名声大振，更加热闹起来了。

然而，瑞安木活字印刷技术更重要的意义，在于以雄辩的事实，向世界证实了中国印刷术发明和广泛应用的历史，证明了中国是世界印刷技术的发源地，有力驳斥了有些人对印刷术发明在古代中国的怀疑和否认。瑞安木活字印刷技术以其明晰的传承历史，契合了活字印刷发展历史的各个年代和阶段，以活体存在展示了这一古老技术的精髓。

[贰]遗产的保护与传承

瑞安市积极开展木活字印刷技术这项遗产的继承和保护工作。2006年，根据文化部在全国范围内开展非物质文化遗产普查和保护的工作部署，瑞安市文化新闻广电出版局立即对木活字印刷技术进行重点调查，2007年3月，将其列入瑞安市第一批非物质文化遗产名录，2007年2月，列入温州市第一批非物质文化遗产名录，又于2007年6月列入浙江省第一批非物质文化遗产名录。与此同时，瑞安市历史文化名城保护办公室、瑞安市规划设计院编制了东源村村庄整治规划，在突出历史文化遗存的保护和合理利用这一前提下，实施古民居的保护性修缮，古墓、古祠堂的整理和修缮，以木活字印刷技术为文化载体，使东源村成为中国名副其实的木活字印刷文化村。

但是，由于时代的进步，人们观念的变化和现代高科技印刷技术的发展，木活字印刷技术受到严峻的挑战，面临生存的危机。

一是活字印刷从业人员急剧减少。一方面，宗谱印刷作为中国传统文化的重要组成部分及从业者的谋生手段被长期传承了下来，但习艺过程十分艰苦。一个学徒要掌握活字印刷的全套技术，至少需要一两年，要专门训练汉字毛笔书写和手工雕刻技术，再加上需要学习中国历史和古代汉语语法知识，现代中青年人群中很少有人具备这些条件。另一方面，活字印刷当前是在农村民间极小的范围内使用，农民支付的报酬低微，为生活环境所迫，近20年来，许多从事活字印刷的人改行到外地打工或经商，其中不乏活字印刷重要传承人。因此，现掌握该项技术的人都在50岁以上，近20年来，没有一人再学习掌握木活字雕刻和印刷技术，导致技艺传承出现危机。

二是随着社会经济的发展，电脑印刷日益普及，许多社区重修宗谱时，摒弃传统印刷技艺，而采取电脑排版、打印复印的方式，活字印刷赖以延续的需求空间受到挤占，也是这一传统手工技艺难以为继的生产方式方面的原因。

三是随着老一辈人的逐渐逝去，年轻一代接受现代教育，接受各种新的文化和价值观，传统文化和宗族社会观念大为弱化，对编印宗谱的积极性逐步衰减，活字印刷术这项手工技艺所依赖的市场正在萎缩，订单越来越少。

作为瑞安市非物质文化遗产保护工作的职能部门，瑞安市非物质文化遗产保护中心意识到，如不及时对活字印刷技艺采取有力的保护措施，这一珍贵的传统技艺必将很快消亡。为此，该中心将木活字印刷技术的保护和继承工作列为重点工作。积极组织申报更高级别的非物质文化遗产保护。2008年6月，瑞安木活字印刷技术经国务院批准，列入第二批国家级非物质文化遗产名录。2008年12月，文化部确定以瑞安木活字印刷技术为活体，向联合国教科文组

文化部召开中国向联合国教科文组织申报"急需保护的非物质文化遗产名录"评审工作会议

工作人员认真修改申报文件

文化部组织专家评审申报材料

织申报"中国活字印刷术"为"急需保护的非物质文化遗产名录"。申报工作由瑞安市文化广电新闻出版局局长黄友金主持，瑞安市非物质文化遗产保护中心主任郑建俊和瑞安市文化广电新闻出版局文化科长薛行顺具体负责，聘请吴小准起草申报文本、提供图片资料，邀请浙江省文化厅非物质文化遗产保护办公室主任王淼和浙江省非物质文化遗产保护专家委员、中国美术学院王其全教授进行专业指导。2009年2月，申报工作组赴北京参加文化部组织的申报项目评审，文化部非物质文化遗产司管理处处长兰静，文化部对外文化联络局国际处调研员邹启山，中国非物质文化遗产保护中心副主任郑长铃博士，中国非物质文化遗产保护中心理论研究室主任罗微博士，文化部非物质文化遗产保护专家委员会副主任刘魁立教授，中国科学院自然科学史研究所研究员华觉民教授等专家对项目进行了详尽的评审和修改，最终向联合国教科文组织提交了本项目极具说服力的申报文件。2010年11月15日，在内罗毕举行的联合国教科文组织保护非物质文化遗产政府间委员会第五次会议审议通过，以瑞安木活字印刷技术为载体的"中国活字印刷术"被列入2010年"急需保护的非物质文化遗产名录"。

根据向联合国教科文组织作出的承诺，对木活字印刷技术的保护措施计划在今后四年内，对活字印刷术首先采取抢救性的保护措施，使掌握中国活字印刷术人员数量明显增多，传承人年龄结构趋于合理，政府大力倡导继承传统的文化习俗，鼓励民间宗族修谱的文化传统，整理和出版浩瀚的中国古籍版本书，使活字印刷术具有继续传承的平台。

1. 鼓励采用古老木活字印刷的传统，用于中国各地宗族制作宗谱，使该遗产有足够的生存空间。同时，发动社区、社团及公众对保护该遗产投入公益性事业资金，设立活字印刷奖励基金会，与政府共同扶持、培养该技术的传承工作。

2. 为支撑这一传承，首要的目标是培养传承人，使今后这项技术能传承下去，即鼓励现有50岁以上的手艺传承人在今后20年内带徒传艺，在20岁至40岁左右的人群中培养手艺传承人，培养其木活字的书写和手工雕刻技术、古籍排版技巧和古籍文化知识，接续老一辈传承人的全部技艺，以此为以后的手艺传承打下基础。对现有的传承人，每年政府给予经济补助，鼓励和支持传承人收徒授艺，达到能维持一定规模的技艺传承目标，为进一步延续传承周期创造先期条件。

3. 2009年，公众个人集资、政府资助，成立了瑞安市活字印刷协会，组织和吸收传承人和从事宗谱印制的人员，传承和学习活字印刷技艺。今后资金来源将是个人集资、社区资助和政府补助。这是一项非常重要的关键措施，成立协会是让这些直接从事活字印刷的人员，自觉而充分地参与该项目的保护和传承工作，发挥民间

2009年6月，瑞安市活字印刷协会成立

东源村举行庆祝瑞安市活字印刷协会成立的盛大活动

社团组织的主观能动性,可以获得更多的订单,维持和增加该项目传承人的经济收入,达到建构专业团体和会员个人加入保护行动机制的目的。

4. 2010年,政府拨专款10万元扩建活字印刷展示馆,保护好该地的古建筑,充实展示内容和历史实物,增加传承人进行现场操作表演,融史料性、艺术性、知识性、参与性于一体,让更多的公众参观,作为传统文化的教育基地组织学生参观,达到扩大该项目的认知度和影响力的效果,并吸引更多的公众积极参与到该项目的保护行动中。

5. 利用传统的活字印刷技艺,在宗谱印刷范围之外,承接中国各种古籍版本书的再版转印工作,政府将其作为古籍印刷点进行培育扶持。瑞安市活字印刷协会将其作为产业开发的项目,从技术、设备、订单各个方面,建立经济实体,资金来源为个人出资入股,政府资助扶植。政府将努力引导和推进这项措施的落实,分期分批将重要的古籍版本书,附带印刷经费,委托活字印刷传承人复制印刷。

6. 自2009年开始至2012年,政府出资对传承地、传承人、文化生态环境、古籍版本、印刷工艺、工具设施等进行全面普查,收集和保存实物,加强传统印刷术研究和宣传工作,以促进文化交流、研究和传播。

7. 2010年政府拨款，聘请专业摄制人员对活字印刷术全部过程进行了详细的影像拍摄，记录入档，用视觉艺术完整地再现这门技术的制作过程。

8. 2010年，政府出资出版一部全面反映木活字印刷技术遗产图片资料的大型摄影画册。2011年，出版介绍该活字印刷术遗产的专著，作为该遗产概括性的图片、文字展示与研究，扩大遗产的公众影响力。

中共瑞安市委、瑞安市人民政府十分重视对木活字印刷技术的保护，广泛宣传瑞安木活字印刷技术在世界文明进程和中华五千年文明史中的历史和文化价值，让遗产频频亮相于全国性非物质文化遗产的展示和宣传活动。2009年6月，瑞安市委书记蒋珍明在成都参加由联合国教科文组织和文化部、四川省人民政府共同主办的"第二届中国成都国际非物质文化遗产节"活动，瑞安木活字印刷技术在展会上亮相演示，受到广泛的关注和好评。2009年6月，瑞安木活字印刷技术终评入围"浙江省非物质文化遗产普查十大新发现"；同年9月，在"首届中国（浙江）非物质文化遗产博览会"上，瑞安木活字印刷技术荣获金奖。吴小淮拍摄的《木活字印宗谱》摄影组照2009年获得联合国教科文组织主办的国际民俗摄影"人类贡献奖"文献奖，在联合国教科文组织公开展出。同时，抓住北京奥运会开幕式活字印刷表演产生巨大影响的机遇，瑞安市有关部门积极

瑞安木活字印刷技术亮相"第二届中国成都国际非物质文化遗产节"

组织落实有关保护和宣传措施,把这项古老的传统技术保护好、传承下去,使之产生更大的社会文化效益。

[叁]遗产的展示与宣传

　　在东源村发现木活字印刷遗产之时和媒体报道之初,时任瑞安市平阳坑镇党委书记胡志跃,时任瑞安市风景旅游管理局局长黄友金及时任瑞安市文物馆馆长李刃就注意到这项遗产的重要意义,在各种场合游说和宣传,各级党委、政府和社会各界都开始关心和重视东源村千年木活字印刷术。2002年5月,瑞安电视台记者黄国宏致信瑞安市委书记钱建民，建议尽快筹建木刻活字印刷博物馆。钱建民在接到黄国宏来信的当日，立即批示给市风景旅游管理局："请黄友金同志阅，并提出可行性方案。"

接到市委书记的批示，黄友金立即进行前期的调研，确定了工作思路：第一，要把这个旅游开发项目融入中国文明文化的大背景下定位实施，展示馆定名为"中国木活字印刷文化村展示馆"；第二，展示馆的选址，要利用东源村现有古老的民居，体现木活字印刷浓郁的地域文化氛围；第三，要委托对瑞安传统文化和历史比较

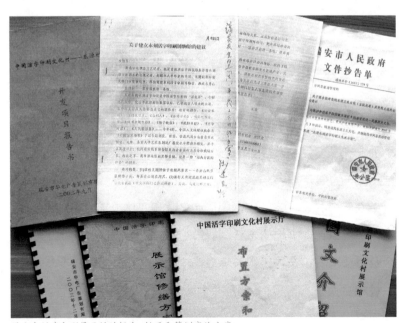

设立木活字印刷展示馆的报告、批示和策划实施方案

了解，有一定研究的人士来主持这个项目的具体实施工作。于是，他找到瑞安市华电广告策划有限公司总经理吴小淮，请他来负责设立展示馆的策划和修缮、布展工作。在实地考察江浙地区古籍印刷和以古籍印刷为载体的旅游项目情况的基础上，吴小淮于当年9月提交了该项目的可行性分析报告书，在充分分析该项目独特性、历史性、社会性的基础上，提出了设立木活字印刷展示馆的选址和修缮、布展方案。2003年3月，黄友金主持专题协调会，有关部门会审通过了这个方案。经过当地镇、村干部和寨寮溪风景旅游管理处的努力工作，特别是镇党委书记胡志跃、副书记张棉珍，寨寮溪风景旅游管理处主任王光森、副主任苏尔胜等人的耐心工作，东源村王氏家族二房木活字印刷技术的传人王仕生、王超辉等人，把他们祖祖辈辈生活了二百多年的大宅院转让给瑞安市风景旅游管理局。2003年10月，时任瑞安市常务副市长张加波就此作出批示，同意收购王氏大院，用于筹建木活字印刷展示馆。

选作展示馆的建筑位于东源村中心位置，正屋建于清乾隆嘉庆年间，左右轩房建于道光年间，正屋一层，两轩房二层木结构建筑。院子中间有天井，卵石地面，后有院坎，总占地面积1670.89平方米，建筑面积668平方米。悬山顶，盖青瓦，建筑风格具有温州一带农村民居的典型特色。

2003年11月初，由瑞安本地老工匠组成的工程队在吴小淮带领

修缮前的王氏大院

修缮中的王氏大院

下进驻王氏大院施工。修缮工程遵循"修旧如旧"的原则，采用本地土产的建筑材料，严格按照老屋的结构和装饰形式，尽量保持新旧材料和构筑之间的相近视觉效果，完整体现了清代中晚期当地农村民居的建筑风格。同时，收集资料，撰写展示文章，拍摄和绘制图片，设计制作布展同步进行，两个多月便完成了展示馆的修缮和布展工作。2004年1月，展示馆对外试开放，聘请了木活字印刷技术传人王超辉和王仕生、魏仙珠驻馆为观众操作演示。同年6月13日，在瑞安市举办的旅游节期间，"中国木活字印刷文化村展示馆"举行了隆重的正式开馆仪式，将这一珍贵的文化遗产奉献给世人。展示馆用全面翔实的图文资料和实物向中外来宾展示了我国印刷术的悠久历

中国木活字印刷文化村展示馆

中国木活字印刷文化村展示馆

史，以及古老木活字印刷术的全部工艺过程，正如展厅的前言所说：
"中华民族的科技文化源远流长，印刷术与指南针、造纸、火药并称
为中国古代的四大发明，对推动世界文明进程发挥了巨大的作用。
在现代科学技术高度发展的今天，钩沉历史、弘扬国粹，是我们继承
传统，开拓创新的民族精神。在此，我们推出'中国木活字印刷文化

展示馆展厅

村'，把目前世界上仅存的这一古代印刷文明推介给大家，温故而知新，传承而光大，激励中华民族自强之志！"

为了提高木活字印刷技术的观赏性和观众的互动性，充实馆藏内容，2008年以来，瑞安市风景旅游管理局局长任武亲自主持这项工作，增置木活字和印刷工具、各种印版和操作台桌，使馆藏木活字达到十余万字，还开辟专门的观众体验区，让观众自己动手操作，体验中国古老印刷术的浓郁文化氛围。同时，完善旅游配套设施，建设大型停车场，并着手编制东源村的旅游区规划，着力打造展示传统文化的旅游基地。

参加各种木活字印刷表演活动

木活字印刷展示吸引广大观众

文化和旅游部门还积极开展瑞安木活字印刷技术这项非物质文化遗产的宣传推介活动，组织木活字传承人到全国各省、市和香港参加文化博览会、旅游交易会，以及走进校园进行操作表演，动员各地旅行社组织木活字印刷文化品味游。木活字印刷文化村已成为吸引人们眼球的旅游目的地。现在，每年都有近两万游人前来观光，向中外游客敞开了了解、体验木活字印刷这一中国古老文化的大门。

从本世纪初瑞安传统而古老的木活字印刷技术的发现，到展示窗口的设立，从"浙江省非物质文化遗产普查十大新发现"之一，到成功申报联合国教科文组织"急需保护的非物质文化遗产名录"，以及2008年北京奥运会开幕式木活字表演所带来的全球性影响，不到十年时间，瑞安木活字印刷技术从深藏的世界印刷文明史的物证到展示中华文明史的形象代表之一，成为一项非常宝贵的人类共同的文化遗产。

附录: 瑞安市活字印刷技术大事记

1041—1048年, 宋仁宗庆历年间, 毕昇发明活字印刷术, 采用胶泥为材料, 成为中国推动世界文明进程的 "四大发明" 之一。

1298年, 元成宗大德二年, 王祯采用木活字印刷《旌德县志》成功, 是历史上最早应用木活字印刷的记载, 瑞安木活字印刷技术与其如出一辙。

1324年, 元泰定元年, 瑞安东源王氏家族第十一世祖先王法懋梓辑宗谱, 木活字印刷技术开始在家族中延续不断, 代代传承。

1626—1627年, 明熹宗天启六、七年间, 王法懋一支后裔王思勋五兄弟从福建安溪迁徙到浙江平阳翔源, 把木活字印刷技术带到温州地区。

1736年, 清乾隆元年, 王思勋第四代孙王应忠率家人迁居瑞安平阳坑东源村, 木活字印刷技术从此在这里扎根, 并传承至今。

1773年, 清乾隆皇帝下令在紫禁城武英殿设立修书处, 次年五月在金简主持下, 用木活字印书134种, 2389卷, 瑞安木活字印刷技术一如其字体和基本工艺。

19世纪, 清道光至民国年间, 以史料记载和谱牒实物为证, 王宝忠、王汝霖、王鲁等许多东源王氏家族成员以祖传的木活字印刷技术为各地编印宗谱。

19世纪后期，清光绪年间，东源王氏家族王宝书创作"鳳列盤岡體貌鮮"七言捡字律诗，用于族人捡字排版木活字，流传使用至今，是中国印刷史上捡字口诀的一项孤例。

1948—1950年，尽管时局动荡，政权更替，东源王氏家族的《太原郡王氏宗谱》编修完成，其中留存了家族修谱的史料，族人王淑玉还为人梓辑了《严氏宗谱》。

1957—1958年，在"反右"和"大跃进"运动中，东源王氏家族王叔玉同孙铨八还为人梓辑《魏氏宗谱》。

1968年，在如火如荼的"文化大革命"对传统文化大扫荡的严峻形势下，东源王氏家族王志宦还为人梓辑《颜氏宗谱》。

1968—1975年，东源王氏家族王超辉、王钏巧、王超华和张益铄等一批年轻人入行学习木活字印刷技术，成为当今木活字印刷技术主要的代表性传承人。

2001—2003年，新华社、《光明日报》、《中国国家地理》、香港《大公报》、《文汇报》、中央电视台、浙江电视台、互联网等各种媒体，相继集中报道发现瑞安木活字印刷技术的遗存，引起世人的关注。

2002年，中共瑞安市委记钱建明在瑞安电视台记者的来信中批示，建立"中国木活字印刷文化村展示馆"提上议事日程；9月，设

立展示馆的可行性方案出台。

2004年，中国木活字印刷文化村展示馆修缮布展完成，6月，正式对外开放参观。

2007年，木活字印刷技术先后认定为瑞安市、温州市和浙江省非物质文化遗产。

2008年，瑞安木活字印刷技术经国务院批准，列入第二批国家级非物质文化遗产名录。

2008年，北京奥运会开幕式，长达6分45秒的木活字表演，让瑞安木活字印刷技术亮相在全世界数亿观众眼前，名声为之大振。

2009年，文化部确定以瑞安木活字印刷技术为载体，向联合国教科文组织申报"中国活字印刷术"为"急需保护的非物质文化遗产"。

2009年，瑞安木活字印刷技术终评入围"浙江省非物质文化遗产普查十大新发现"。

2009年，王超辉、林初寅两人共同进入国家级非物质文化遗产项目木活字印刷术代表性传承人名单。

2009年，由木活字印刷从业人员组成的瑞安市活字印刷协会成立，首批会员100人，协会主管归属瑞安市文化新闻广电出版局。

2010年，联合国教科文组织保护非物质文化遗产政府间委员会第五次会议审议通过，以瑞安木活字印刷技术为载体的"中国活字印刷术"被列入2010年"急需保护的非物质文化遗产名录"。

主要参考文献

1. 《中国印刷史》，张秀民著，韩琦增订，浙江古籍出版社，2006年

2. 《中国印刷史话》，张绍勋著，商务印书馆，1997年

3. 《中国活字印刷术的发明和早期传播》，史金波、雅森·吾守尔著，社会科学文献出版社，2000年

4. 《中国古代印刷术》，李万健著，大众出版社，2009年

5. 《汉籍善本考》，[日]岛田翰著，北京图书馆出版社，2003年版影印本

6. 《元刊梦溪笔谈》，（宋）沈括著，文物出版社，1975年版影印本

7. 《农书译注》，（元）王祯撰，缪启愉、缪桂龙译注，齐鲁书社，2009年

8. 《钦定武英殿聚珍版程式》，（清）金简著，中国书店出版社，2009年线装影印本

9. 《活字本》，徐忆农著，中国版本文化丛书，江苏古籍出版社，2002年

10. 《浙江藏书史》，顾志兴著，浙江文化专门史研究丛书，杭州出版社，2006年

1. 《木活字印刷文化在浙江家谱中的传承与发展》，丁红著，《图书馆杂志》2008年第2期

2. 弘治《温州府志》，（明）王瓒、蔡芳编纂，上海社会科学院出版社，2006年

3. 嘉庆《瑞安县志》，中华书局，2010年

4. 《瑞安市志》，宋维远主编，中华书局，2003年

5. 《晚清士绅与地方政治——以温州为中心的考察》，李世众著，上海人民出版社，2006年

6. 《中华文明史》，袁行霈等主编，北京大学出版社，2006年

7. 《中华国学》，张岱年等主编，新世界出版社，2006年

8. 《中国移民史》，葛剑雄主编，福建人民出版社，1997年

9. 《中国宗族史》，冯尔康等著，上海人民出版社，2009年

10. 《中国的宗族与国家礼制》，[日]井上徹著，上海书店出版社，2008年

11. 《中国近代宗族制度》，程维荣著，学林出版社，2008年

12. 《祠堂中的宗亲神主》，王静著，重庆出版社，2008年

13. 《中国宗谱》，周芳玲、阎明广编译，中国社会出版社，2008年

14. 《家谱》，吴强华著，重庆出版社，2006年

15. 《太原郡王氏宗谱》，瑞安东源王氏宗族梓辑，1948年本、1979年本

后 记

　　涉足木活字印刷技术这项非物质文化遗产的发掘和研究完全是一个偶然。2002年7月,我接受政府部门的委托,策划并实施了瑞安木活字印刷传承地——东源木活字印刷文化村展示馆的修缮和布展工作,从此与木活字印刷结下了十年的情缘。

　　在策划和实施这项遗产展示的工作中,我逐渐感觉到木活字印刷这一古老的技术在淡出当代社会人们的视野之后,却有其深厚的历史和文化背景,对继续挖掘这一技艺传承的历史和原因还有很大的空间。于是,我开始利用数年时间,行程万余公里,到浙南、闽北广大地区,寻找和追踪瑞安从事这一手艺人们在各地宗族祠堂修谱的踪迹,采访和掌握了近百人的从艺和生活资料,同时对于瑞安木活字印刷技术工艺和技法特点,东源王氏家族木活字印刷技术的传承历史,进行了实物的考证和梳理,广泛收集自清代以降各家梓辑的木活字宗谱实物和谱文谱序,与各历史时期的印刷史、宗族史、谱牒学相互佐证,梳理出与我国印刷术发展历史的传承脉络,并订正了以往的一些误漏。对于独特的"君王立殿堂"和"鳳列盤岡體貌鮮"两首捡字诗及相应的偏旁部首归类法,请教了数位老谱师,共同讨论,给予辨误完善,使之更接近于历史原貌。在具备翔实的瑞安木活字印刷技术传承证据和资料的基础上，参考中国印刷史诸多名家的研究成果，撰写成本书，以期作为木活字印刷技术现今的阶段性成果奉献给世人。

在大千的现代社会，谱师们实在是生活在社会底层的普通人，在万家灯火之隅，偏居寒祠陋舍，所到所见，深有感触，朴素之中，敬意由衷：正是他们默默无闻地耕耘着二尺字盘，厮守着祖宗留下的这份手艺，才支撑起人类这份宝贵的非物质文化遗产。

由于作者才疏识浅，本书引证、理解及叙述方面难免有许多疏误之处，诚请读者予以谅解与指正。

在我研究和写作、出版本书的过程中，得到了浙江省文化厅、浙江省非物质文化遗产保护中心、浙江摄影出版社和瑞安市文化广电新闻出版局、瑞安市非物质文化遗产保护中心的大力支持，并得到了浙江省非物质文化遗产保护专家王其全老师的指导及许多领导和同仁的信任与帮助，在此谨致以诚挚的谢意！

吴小淮

二〇一一年二月于北望亭书斋

本书编委会

撰　著　吴小淮
摄　影　吴小淮　郑建俊

编委会成员
顾　问　黄益友　林济晚
主　任　黄友金
副主任　蔡战林　王黎然
成　员　郑建俊　薛行顺
　　　　邓伦勇　蔡祖能
　　　　陈　晖　陈添国
　　　　陈晓辉　阮立忠

责任编辑：薛　蔚　潘洁清
装帧设计：任惠安
责任校对：程翠华
责任印制：朱圣学

装帧顾问：张　望

图书在版编目（ＣＩＰ）数据

木活字印刷技术 ／ 吴小淮著. —杭州：浙江摄影出版社，2012.5（2023.1重印）

（浙江省非物质文化遗产代表作丛书 ／ 杨建新主编）

ISBN 978-7-5514-0030-5

Ⅰ. ①木… Ⅱ. ①吴… Ⅲ. ①活字—印刷术—介绍—浙江省 Ⅳ. ①TS811

中国版本图书馆CIP数据核字（2011）第269836号

木活字印刷技术

吴小淮　著

全国百佳图书出版单位
浙江摄影出版社出版发行
　　　　地址：杭州市体育场路347号
　　　　邮编：310006
　　　　网址：www.photo.zjcb.com
经销：全国新华书店
制版：浙江新华图文制作有限公司
印刷：廊坊市印艺阁数字科技有限公司
开本：960mm×1270mm　1/32
印张：6.25
2012年5月第1版　　2023年1月第2次印刷
ISBN 978-7-5514-0030-5
定价：50.00元